职业技能等级认定培训教程

区块链应用操作员

（三级）

中国就业培训技术指导中心
人力资源和社会保障部职业技能鉴定中心 组织编写

中国劳动社会保障出版社

图书在版编目（CIP）数据

区块链应用操作员：三级 / 中国就业培训技术指导

中心，人力资源和社会保障部职业技能鉴定中心组织编写.

北京：中国劳动社会保障出版社，2024. --（职业技能

等级认定培训教程）. -- ISBN 978-7-5167-6646-0

Ⅰ. TP311.135.9

中国国家版本馆 CIP 数据核字第 2024NC4605 号

中国劳动社会保障出版社出版发行

（北京市惠新东街 1 号　邮政编码：100029）

*

北京市科星印刷有限责任公司印刷装订　　新华书店经销

787 毫米 × 1092 毫米　16 开本　13 印张　209 千字

2024 年 9 月第 1 版　　2024 年 9 月第 1 次印刷

定价：40.00 元

营销中心电话：400-606-6496

出版社网址：http://www.class.com.cn

前　　言

为加快建立劳动者终身职业技能培训制度，全面推行职业技能等级制度，推进技能人才评价制度改革，进一步规范培训管理，提高培训质量，中国就业培训技术指导中心、人力资源和社会保障部职业技能鉴定中心组织有关专家在《区块链应用操作员国家职业标准（2021 年版）》（以下简称《标准》）制定工作基础上，编写了区块链应用操作员职业技能等级认定培训教程（以下简称等级教程）。

区块链应用操作员等级教程紧贴《标准》要求编写，内容上突出职业能力优先的编写原则，结构上按照职业功能模块分级别编写。该等级教程共包括《区块链应用操作员（基础知识）》《区块链应用操作员（四级）》《区块链应用操作员（三级）》《区块链应用操作员（二级　一级）》4 本。《区块链应用操作员（基础知识）》是各级别区块链应用操作员均需掌握的基础知识，其他各级别教程内容分别包括各级别区块链应用操作员应掌握的理论知识和操作技能。

本书是区块链应用操作员等级教程中的一本，是职业技能等级认定推荐教程，也是职业技能等级认定题库开发的重要依据，适用于职业技能等级认定培训和中短期职业技能培训。

本书在编写过程中得到中国电子商会、深圳前海微众银行股份有限公司、北京智谷星图科技有限公司、FISCO 金链盟、河北石油职业技术大学、惠州工程职业学院、东莞职业技术学院、上海电子信息职业技术学院、浙江工贸职业技术学院、浙江安防职业技术学院、陕西财经职业技术学院、福建技师学院、海南省技师学院等单位的大力支持与协助，在此一并表示衷心感谢。

中国就业培训技术指导中心

人力资源和社会保障部职业技能鉴定中心

目　录 █ CONTENTS

职业模块 1　区块链应用设计 ·· 1

培训课程 1　需求调研 ··· 3

学习单元 1　需求调研计划表编写 ·································· 3

学习单元 2　用户调研问卷设计 ···································· 7

学习单元 3　需求调研报告编写 ··································· 10

培训课程 2　方案设计 ·· 19

学习单元 1　应用场景分析与功能结构图的设计 ················· 19

学习单元 2　业务流程图的绘制和描述 ···························· 24

学习单元 3　数据流程图的绘制和描述 ···························· 36

培训课程 3　文档管理 ·· 40

学习单元 1　项目文档编写 ·· 40

学习单元 2　项目文档控制 ·· 49

职业模块 2　区块链测试 ·· 53

培训课程 1　测试设计 ·· 55

学习单元 1　测试项及测试指标 ···································· 55

学习单元 2　测试用例及其编写要求 ······························ 57

培训课程 2　测试环境搭建 ·· 64

学习单元 1　区块链系统及应用测试环境的搭建 ················· 64

学习单元 2　自动化测试工具的配置 ······························ 71

学习单元 3　Solidity 基本编程 ··································· 76

培训课程 3　软件测试 ·· 80

学习单元 1　单元测试 ·· 80

学习单元 2　集成测试 ·· 84

学习单元 3　系统测试 ·· 89

学习单元 4　测试报告集成 ·· 93

职业模块 3　区块链应用操作 ·· 97

　培训课程 1　应用监控 ·· 99

　　学习单元 1　应用监控和分类归档 ·· 99

　　学习单元 2　使用 WeBASE 监控应用 ··· 122

　培训课程 2　应用业务操作 ····································· 127

职业模块 4　区块链运维 ··· 137

　培训课程 1　应用部署 ··· 139

　　学习单元 1　区块链应用部署方法 ··································· 139

　　学习单元 2　智能合约编译与部署 ··································· 150

　培训课程 2　系统维护 ··· 156

　　学习单元 1　区块链管理工具安装与配置 ··································· 156

　　学习单元 2　区块链日志管理与配置方法 ··································· 169

　　学习单元 3　区块链权限配置方法 ··································· 175

　培训课程 3　系统监控 ··· 184

　　学习单元 1　区块链监控工具安装与使用 ··································· 184

　　学习单元 2　区块链网络状态检查方法 ··································· 195

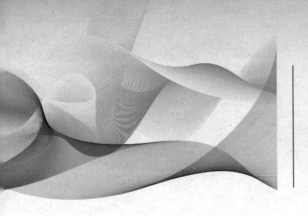

职业模块 ① 区块链应用设计

培训课程 1　需求调研

　　学习单元 1　需求调研计划表编写

　　学习单元 2　用户调研问卷设计

　　学习单元 3　需求调研报告编写

培训课程 2　方案设计

　　学习单元 1　应用场景分析与功能结构图的设计

　　学习单元 2　业务流程图的绘制和描述

　　学习单元 3　数据流程图的绘制和描述

培训课程 3　文档管理

　　学习单元 1　项目文档编写

　　学习单元 2　项目文档控制

培训课程 ① 需求调研

学习单元 1　需求调研计划表编写

一、需求调研计划流程

1. 需求调研计划整体流程

背景的调研和需求的挖掘是项目启动阶段最重要的过程，它决定了项目的内驱力。需求调研通常需要遵循一定的流程，在项目启动阶段做好调研计划，可以使调研过程开展得有条不紊。调研计划整体流程主要分为三个阶段。

（1）准备阶段

在准备阶段需要对项目前期资料进行汇总，与相关的销售人员进行交流，对项目有一个基本的认识，并做好调研资料的准备，包括需求调研模板、需求调研问题等。

（2）调研阶段

在调研阶段首先对行业资料进行收集，然后与项目组成员讨论需求是否完整，最后将需求整理为电子文档并归类，为后续编写相关文档做准备。

（3）收尾阶段

在收尾阶段编写需求报告、需求说明书，并不断进行评审修改，完成后归档到项目库。

2. 需求调研计划基本步骤

需求调研的基本步骤是调查系统需求、编制事件列表、编制用例模型、编制类图模型、编制界面模型、编制部署模型，最后形成需求规格说明书。

（1）调查系统需求

主要采用与用户面谈和问卷调研的方式，找出用户需求，并记录事件列表。

（2）编制事件列表

依据记录的事件列表，归纳和总结出系统相关角色，建立角色列表。

（3）编制用例模型

角色用例模型是系统需求的功能模型，主要用于描述角色的行为及角色间的关系。

（4）编制类图模型

根据角色用例模型建立类图模型，类图模型主要用于描述角色的属性及行为。

（5）编制界面模型

依据角色用例模型建立界面模型，只需体现角色需求即可。

（6）编制部署模型

根据需求界面模型确定系统的部署需求，主要包括由网络环境、硬件环境、软件环境组成的需求。

（7）形成需求规格说明书

总结整理所有的文字、表格、图片和模型，输出完整的需求规格说明书。

二、需求调研计划的制订与编写

1. 需求调研计划的制订方法

需求调研计划是在实际调研之前，根据调研目的对整个调研过程进行全面规划，制订相应的需求调研实施计划，安排出合理的工作程序。通常情况下，需求调研计划的制订主要包括以下几个步骤。

（1）明确调研目的

明确需求调研需要实现的具体目标，初步建立一个需求调研的主题，拟定需求调研提纲，为需求调研的实施指明方向。例如，要研究区块链在版权保护领域的应用，需要先分析版权保护领域的痛点，了解传统版权保护方式的成本及效率，了解各类维权方式存在的问题，最后制定整体的调研提纲。

（2）确定数据来源

获取数据的途径通常包括对已有用户做需求分析和调研收集。对已有用户做需求分析的优势在于可以定量或定性获取与需求背景高度相关的数据，通常可以利用一些统计分析方法将数据量化，也可以定性分析需求背景，两者结合可以提供丰富的见解，帮助制定需求策略。调研收集可以在已有需求数据不足的情况下，补充完善数据，具有针对性地对市场情况进行调研。

（3）设置调研项目

需求调研项目的设置需要充分考虑用户的特征，应注意调研项目的确定既要满足调研目的和任务的要求，又要能够取得数据，还需包括调研对象的基本特征项目、调研主体项目、调研课题相关项目，项目之间应尽可能相关联，取得的数据要能够相互对应，有逻辑关系，便于后续了解调研现象的变化情况。

（4）选择调研方法

调研的方法分为数据收集法和研究分析法。数据收集的方式包括普查、重点调查、典型调查、抽样调查等，其调研方式有访问法、观察法、问卷法和实验法等，采取何种方式往往取决于调研对象和调研任务。研究分析法主要包括因果分析和相关分析，主要是对数据进行分类、整理、分析、汇总等操作。

（5）形成样本计划

样本计划主要是对抽样框、调研对象、调研数量、抽样方式、调研范围、调研地点等具体内容进行确定，目的是有代表性和针对性地确定调研方向。

（6）制订调研组织计划

制订调研组织计划主要是确定调研的领导组织、机构设置、任务分工、人员的选择和培训、工作步骤及进度安排等，规划分配各个阶段所需的时间，保证需求调研计划能够如期完成。

（7）编制调研预算

整个需求调研项目涉及多项费用，包括方案设计费、抽样设计费、问卷设计费、调查实施费、数据录入分析费、调研报告费、资料费、劳务费等多个方面，调研人员需要根据项目实际情况合理编制经费预算。

（8）编写调研计划表

调研计划表是对整个需求调研方案内容的记录，为后期方案的实施提供指导。调研计划方案的制定与调研计划表的编写要条理清楚、文字简洁，还需添加必要的说明，如指标解释、调研要求、调研方法等。此外，在需求调研方案的实施过程中，还需适时地对需求调研计划进行讨论和改进，如调研方案结构的合理性、预算与进度的变化、时间效益的影响等，从而保证调研方案能够有条不紊地指导调研活动。

2. 需求调研计划表的编写方法

需求调研计划主要是阐述整个需求调研计划的过程，说明调研阶段的目的、思路、方法，明确调研计划的时间安排、成本预算，是整个项目需求调研工作的指导，使需求调研工作有据可循。需求调研计划表的内容主要包括以下几个部分。

（1）前言

作为需求调研计划表的开头部分，主要介绍需求调研的背景、原因，以及项目概况。

（2）调研目的和意义

调研目的和意义主要描述调研要实现的目标、需要调研的问题、解决策略等，结合调研背景对调研过程进行讨论分析，进一步明确需求调研的目的和意义。

（3）调研内容和项目

明确调研目的后，确定所需要的调研资料内容，保证能够精准地把握调研项目和内容，不设置对调研主题没有意义的多余项目。应注意调研项目反映的内容要与调研主题有密切的相关性。

（4）调研对象和调研范围

根据调研目的、内容确定调研对象和调研范围，主要对目标对象的特征进行详细描述。

（5）调研方法

调研方法是对数据收集方法和具体操作步骤进行详细介绍，调研方法包括访问法、观察法、实验法等，在调研方法的说明中，如果有数据收集、分类、统计相关的操作，还可设计数据化的表格加以描述，也可作为附录体现。

（6）调研时间进度

指各个阶段工作的详细安排与介绍，包括负责人、任务进度、注意事项等。注意计划时间需要预留弹性，以保证调研计划能够真实有效地进行。

（7）调研经费预算

详细罗列各项调研费用及比例，便于管控调研成本。

（8）附录

附录主要包括调研计划负责人及主要参加者的名单、调研方案的具体技术细节、调研过程中的图表等内容。

学习单元 2　用户调研问卷设计

一、用户调研问卷概述

用户调研问卷的设计是需求调研计划中不可或缺的部分，通常通过设计一些与需求相关的问题来对用户行为进行研究。

1. 用户调研问卷的概念和特点

用户调研问卷是一种具有统一格式的资料收集工具，用来收集用户的行为、态度和特征。具有匿名性、可量化、可比性等特点。

2. 用户调研问卷的结构

用户调研问卷主要包含标题、说明、主体、编码号、致谢语和实验记录六项。

（1）标题

每份用户调研问卷都有研究主题，反映调研活动的内容和范围，设计者要根据主题的定义设计问卷。

（2）说明

用户调研问卷要有说明，内容包括调研目的、意义，问卷填写时需要注意的事项，引言和注释等。说明要对调研目的、意义、主要内容、调查的组织单位、调查结果的使用者、问卷隐私保护等多个方面进行介绍，以取得受访者对调研工作的支持和重视。

（3）主体

主体是用户调研问卷的核心部分，是研究主题的具体体现，主要包括问卷问题和答案。从内容上，问题可分为行为类问题、态度类问题和背景类问题等；从形式上，问题可分为开放型问题、封闭型问题和半封闭型问题三种。

（4）编码号

在大规模的调研以及辅助使用计算机软件进行统计分析时，要对调研资料进行量化处理，编号的设置有助于调研问卷的分类和问题答案的统计分析。

（5）致谢语

在用户调研问卷的最后，需要写上对用户感谢的话语，对被调研对象的合作表示感谢。

（6）实验记录

此部分主要是对用户调研问卷过程中的改动及校订进行记录，校订者需要在改动后签写姓名和日期，以保证对用户调研问卷的核查。

3. 用户调研问卷的优缺点

调研问卷是用来收集资料的工具之一，但不是唯一的方式，它的主要优点是成本低、匿名性好、样本范围较广、调研方式便捷、便于使用计算机软件辅助分析等；它的缺点在于数据的质量以及回收率无法保证，对调研样本的选择要求比较高，对调研过程中出现的问题也不便于及时发现和纠正。

二、用户调研问卷设计方法

用户调研问卷设计的好坏决定了调研项目实施的效果及意义，一份好的调研问卷能够使调研项目的实施事半功倍。

1. 用户调研问卷设计的分类方法

通常，用户调研问卷的设计有多种分类方法。

（1）问题按内容不同可分为三大类：行为类问题、态度类问题、背景类问题。

1）行为类问题。通常包括调查者想要了解的用户行为习惯，如功能的选取、习惯性的操作等。

例如，您是否经常使用"区块链+"的版权保护相关软件？

2）态度类问题。通常包括用户对产品的了解程度和建议，反映的是用户的主观感受和认识，包括意见、情感、动机、信念以及价值观、满意度等。

例如，您对区块链在司法领域的应用有什么看法？

3）背景类问题。通常包括与产品相关用户的背景资料信息，可以针对不同调查人群做出分类，反映不同类型的用户情况。

例如，您所从事的工作是否与区块链有关？

（2）问题按备选答案不同可分为三大类：开放型问题、封闭型问题和半封闭型问题。

1）开放型问题。指设计问题时，只提供问题而不规定答案，让用户自主作答。优点在于可以探索事先无法确定答案的问题。

例如，您对区块链在版权保护领域的应用有什么想法或建议？

2）封闭型问题。也称为限定性问题，即事先定好若干选项，让用户选择合适的答案填写。优点在于可以预先定好调研方向，有针对性地提出问题。

例如，您使用过区块链钱包吗？

A. 使用过　　　　　　　　　　　B. 没使用过

3）半封闭型问题。通常是指问题有若干个备选答案提供给用户做选择，这一点与封闭型问题相同，但是当问题的备选答案不足以完全描述用户实际情况时，调查方会将备选答案的最后一个选项描述成"其他"之类的选项，用户可以根据自身情况开放性地作答。优点在于可以全面掌握用户需求情况。

例如，您是通过哪些渠道对区块链产生了解的？

A. 公众号　　　B. 书籍　　　　　　C. 演讲　　　　　　D. 其他

2. 用户调研问卷设计的基本原则

设计出一份优秀的用户调研问卷，需要遵循以下多项原则。

（1）目的性原则

在设计用户调研问卷之前，要有明确的目的，设计者需要对调查目的有一个清晰的认知。

（2）明确性原则

问题的设置要规范、准确，提问清晰、明确，便于用户作答。

（3）逻辑性原则

问题的先后顺序要安排恰当，符合用户的逻辑习惯和思维习惯，通常应先易后难，先询问与用户行为相关的问题，再询问与用户态度相关的问题。

（4）匹配性原则

答案的设置及用户的回答要便于检查、整理、统计、分析。

（5）非诱导性原则

答案的设置需要保持中立，不要将设计者的判断或态度融入问题设置，以免影响用户回答的客观性。

（6）简明性原则

问卷的内容需要简单明了，避免出现与调研目的或问题无关的内容，增加用户的阅读负担。

（7）技巧性原则

问卷设计的过程中要注意技巧的把握，问题要开放，思路要清晰。

3. 用户调研问卷设计的常见错误

设计者需要了解用户调研问卷设计的常见错误，高效地设计用户调研问卷。问卷设计常见的错误有以下几种。

（1）概念不清楚

主要是指问题或者答案设置中有关概念不清晰，不能将其转化为可量化的指标，也不便于用户理解。

例如，您觉得近几年区块链技术的发展情况怎么样？

A. 发展几乎没有变化　　　　　　　B. 发展情况变化不大

C. 发展情况较好　　　　　　　　　D. 发展情况很好

这一问题没有说清楚询问的是区块链哪方面的发展，是技术迭代方面还是技术应用方面，答案也设置得比较模糊，难以量化。

（2）倾向性问题

主要是指问卷的设计带有倾向性，未保证中立、客观，有可能诱导用户做出选择，因而得出的结论不具有参考性。

例如，您是否不看好区块链的发展？

A. 是的　　　　　　　　　　　　　B. 不是

这种提问方式带有明显的倾向性，容易诱导用户选择答案。

（3）双重性问题

主要是指问卷的问题或答案层次模糊，使用户难以做出判断和回答。

例如，您觉得区块链技术的更新和实际的应用能否得到快速发展？

A. 能　　　　　　　　　　　　　　B. 不能

这个问题咨询了两件事，一个是技术的更新能否快速发展，另一个是实际的应用能否快速发展，使用户难以同时判断两种情况。

学习单元3　需求调研报告编写

一、需求调研报告概述

一份优秀的需求调研报告，能够深入地反映用户情况，让决策者系统地了解用户，辅助制定相应的决策；而一份拙劣的需求调研报告不仅会浪费调研资料，还有可能使整个调研工作前功尽弃。

1. 需求调研报告的作用

需求调研报告是用户调研活动的综合体现，是对整个调研过程的记录和总结，阅读调研报告可以充分掌握调研活动的整个过程。需求调研报告作为辅助管理决策的依据，可以对用户活动起到引导作用，有针对性地对用户需求进行解析，辅助决策者制定出正确的目标。需求调研报告还可作为评价调研活动的标准，通过对各项调研活动的描述，使评价者能够充分了解调研活动的细节。

2. 需求调研报告的特点

需求调研报告具有针对性，必须明确需求调研的主题，报告的编写需要围绕主题展开，充分发挥需求调研的作用；必须明确阅读对象，根据不同的阅读对象，选取不同的侧重点，并针对侧重点选择主要论述的角度。需求调研报告具有时效性，调研活动需要结合用户市场实时判断并做出反应，从多个角度去关注问题，并且要基于用户市场发展前沿，否则需求调研就会失去意义。需求调研报告具有科学性，调研报告不仅是对用户需求的总结、统计，还需要结合市场形势并使用科学的分析方法，对用户行为做出研究、分析，以供决策者及时做出选择，抓住市场机会。

3. 需求调研报告的类型

需求调研报告通常分为综合报告、专题报告、研究性报告和说明性报告等多种类型。

（1）综合报告

综合报告是对整个需求调研过程的描述，从调研背景到调研活动，详细描述分析调研活动的发现以及主要结果，对用户需求及行为等多个方面进行分析，为企业提供参考建议，帮助企业发展。例如，区块链钱包的用户体验调研。

（2）专题报告

专题报告主要围绕某个问题进行编写，对该问题深入探索研究，提出具有预测性、指导性的结论，推动研究分析的开展。例如，一种基于区块链系统的调研方法。

（3）研究性报告

研究性报告是在专题报告的基础上做出的延伸，学术性较强，需要对专题报告继续深入研究分析，从中提炼、总结出具有研究性的观点、结论和理论，并编写报告。例如，基于区块链技术的互联网用户信息保护策略研究。

（4）说明性报告

说明性报告主要是从统计分析角度对各项指标进行说明，包括调研方式、统计方法、分析理论等，通过科学的方法来保证调研结果的可靠性。例如，基于

"区块链+"能源体系构建的调研分析。

4. 需求调研报告的形式

需求调研报告是将调研的结果、总结的结论和其他有指导性意义的建议以报告的形式体现出来。其中，书面报告形式包括各类文件，如调研数据、分析报告、统计图表或其他各类书面文件等，是最常用的表达形式。一些小型的需求调研项目一般只需要口头陈述即可，通常以 PPT，或者各类图表的形式呈现。

5. 需求调研报告的结构

需求调研报告的结构随着调研项目的不同会有部分差异。但总体结构形式通常包括介绍部分、主体部分和附录部分。

（1）介绍部分

需求调研报告的介绍部分一般包括封面、信件、目录、摘要。

1）封面。需求调研报告的封面是整个报告的"门面"，内容方面一般包括调研报告的标题、调研单位、调研日期等。其中标题是调研报告封面中最重要的元素，需要有较强的吸引力，必须高度概括报告内容。通常标题的制定有以下几种方式。

①直叙式。直接将需求调研的目的或项目名称作为标题，这种方式简单、直观，大多数报告通常都采用这种方式。例如，"区块链+数字农业""区块链推动电力能源管理新一轮技术变革"。

②观点式。将需求调研报告的观点、看法以及对用户行为的判断作为标题，这种方式可以直接表明编写者的态度，也具有较强的吸引力。例如，"区块链电子发票的多维创新与变革效应""区块链让版权与创作如影随形　应用深度逐渐加强"。

③提问式。以反问的形式，突出需求调研的主要关注点，这种方式可以吸引读者的注意力，引起读者的思考。例如，"区块链如何有效赋能'链'金融？""区块链+能源具体运用在哪些方面？"

2）信件。主要分为致项目委托人的信和项目委托人的授权信两部分，内容包括对项目的授权以及执行过程的描述，此外还需要对调研过程中可能会涉及的某些问题进行进一步的探讨。

3）目录。目录部分通常包含所有内容标题和页码，但当报告目录页数较多时，只需列出主要纲目即可。

4）摘要。摘要是整个报告的核心内容，是对正文的高度概括，主要包含调研目标、调研时间、调研地点、调研对象、调研范围、项目情况、调研方法、调研结果、主要结论等，读者通过阅读摘要即可初步了解整个调研活动的过程。

（2）主体部分

主体部分是需求调研报告的核心之一，包含了报告的主要内容。主体部分的编写需要保证内容的完整性，通常包括引言、正文、调研概况、数据分析与调研结果、局限性及必要说明、结论和建议等。

1）引言。作为需求调研报告的开头，应该简洁明了地介绍整体的调研情况，叙述调研目的、时间、地点、对象与范围、方法等，作为报告正文的引导，为后文做好铺垫，便于读者理解全文。

2）正文。正文是整个报告的核心之一，是对整个调研活动的叙述，从收集数据到数据整理、分析、归纳、总结，是得出结论的依据。通常正文的结构有以下3种形式。

①横式结构。是将调研内容结合调研主题综合分析，归纳出多个主题点，再按照主从关系分成大、小标题，针对每个问题展开描述。这种结构形式观点鲜明，主旨突出，便于了解调研主题。

②纵式结构。主要是按照调研项目的背景、过程、发展次序对调研情况进行叙述，这种结构形式有助于读者了解整个调研过程的发展，对于细节问题更容易把控。

③综合式结构。这种结构形式结合横式和纵式两种特点，相互穿插描述，在叙事时可以采用纵式结构，在总结结论时可以采用横式结构，可以做到主次分明，层层深入，更好地表达主题。

3）调研概况。主要是对调研的时间、地点、对象、范围、方式方法等情况进行详细描述。

4）数据分析与调研结果。运用统计分析方法对调研数据进行分析，包括调研结果、关联性等多个指标，以图表等形式进行展示。

5）局限性及必要说明。此部分主要是对调研活动的说明，指出由于时间、预算、调研方法及各种因素的限制导致的问题以及对结果可能会产生的影响，保证读者能够做出自己的判断。

6）结论和建议。结论部分是对调研报告的总结，需要根据数据分析结果，结合调研活动整体情况进行总结，通常包括以下几个方面。

①概括全文。阐述调研报告的主要观点以及文章主题。

②形成结论。在调研数据的基础上，对调研目的进行深入分析，得出实质性的结论。

③提出建议。针对调研结果分析得出自己的看法，并提出具有建设性的建议。

（3）附录部分

附录部分主要是对正文中无法涵盖的内容进行补充说明，也可包括相关图表材料等。可以作为附录的内容包括以下几点。

1）放在正文中会影响正文结构及逻辑的材料，如对某些技术研究方法的详细叙述等。

2）由于篇幅过长不便编入正文的材料，如某些相关材料的描述等。

3）某些数据表格、数据分析图表等。

二、需求调研报告编写方法

1. 需求调研报告的编写技巧

调研报告具有较强的应用性，一份优秀的需求调研报告不仅需要完整的调研过程支撑，还需要编写者掌握需求调研报告的编写技巧。需求调研报告的编写需要注意以下几个方面。

（1）语言运用

调研报告中语言的描述应该遵循严谨、简明和通俗的原则。

1）严谨。调研报告中对数据及问题的描述尽量避免使用"大概""可能"等含糊的词语；对形容词和副词程度的把控要精准，尽量用定量的词语来描述程度的差异，避免因为对词语理解的偏差，影响读者的判断。

2）简明。叙述事物时，要言简意赅地描述问题，抓住事物的本质与关键点，保证思维清晰、逻辑严谨，以最简练的语言概括和表述。

3）通俗。调研报告应尽量避免使用让人难以理解的词汇和语句，力求通俗易懂，以最朴实的语言描述调研报告的内容。

（2）数字运用

较多地运用数字能够更方便、更清楚地表述特征，但数字的运用也需要讲究技巧，为保证调研报告中的数字准确、高效，数字的运用要遵循以下几个原则。

1）尽量保证数字量化描述，避免出现以数字表示虚词的情况。

2）数字之间的加工可以多一些比较，这样才能形成鲜明的对比，加深读者的印象，也能更深刻地反映事物之间的差距。

3）注意数字的长度，尽量通过单位的设置将数字长度转化为便于阅读的效果，也有利于读者记忆。

4）数字的使用要统一。计数与计量应使用阿拉伯数字，数字作为词素构成定型的词、词组、惯用语或具有修辞色彩的语句时采用汉字，邻近的两个数并列连用表示概数时应当用汉字。

（3）注意事项

在写作的过程中还应注意，调研报告需要概括整个调研活动的过程，对于数据的描述不应该仅仅是记录，而是要为理论分析提供依据，说明调研情况；除此之外，调研报告还必须保证真实、准确，要从调研情况出发，结合预先的规划进行分析，而不应该先入为主地做出判断，对于不确定的观点与结论应该放在附录中进行讨论。

2. 需求调研报告数据图表

在调研报告编写过程中，数据图表也是非常重要的。数据图表需要清晰地展示数据，把不便于描述的调研结果展现给企业决策者或者报告阅读者。

（1）图表的作用

图表用来展示数据分析的过程和结果，可以很形象地以可视化的手段反映数据属性，能够突出需要表述的重点，增加报告的可读性，化抽象为具体，使读者更容易理解报告的主题和观点。

（2）图表的形式

使用最多的是展示数量的图表，它把统计资料以图形的方式直观、具体地展示，使人一目了然。常用的统计图包括以下几种。

1）饼图（见图 1-1）。饼图适用于离散型数据和持续性数据，以比例的形式展示数据，反映特征数据之间的占比或相关性。

2）条形图（见图 1-2）。条形图通常以直观、具体的形式展现数据，适用于分类变量，显示的是持续型的数值。

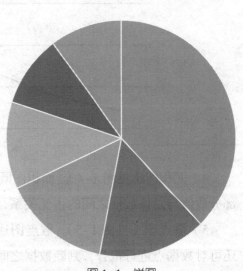

图 1-1　饼图

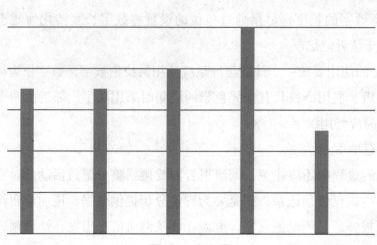

图 1-2　条形图

3）线形图（见图 1-3）。线形图用来描述数据的动态变化情况，还可对比多组数据之间的变化规律。

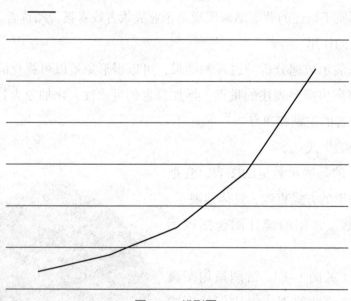

图 1-3　线形图

4）面积图（见图 1-4）。面积图既可以表示数据之间的序列关系，又可以反映部分数值与总体数据之间的占比关系，通常用于展示数据发展趋势的情况。

5）散点图（见图 1-5）。散点图通过平面直角坐标系，反映数据的分布情况，还可对数据点进行拟合，判断数据之间的相关性，以及大致变化趋势。

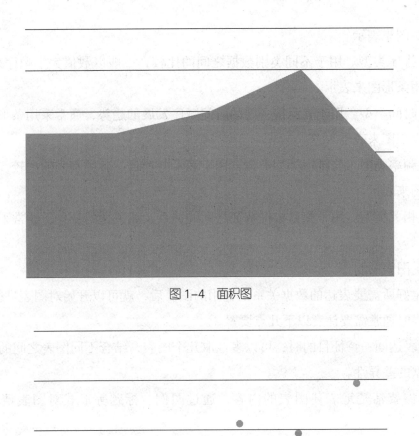

图 1-4　面积图

图 1-5　散点图

除此之外，还有一些特殊的图表及作图方式，通常用于描述属性、分类、区域等多个指标。例如，采用不同的颜色和图形来表示不同的分类属性；在图表上添加标签属性，用于反映数据特征的附加值。

（3）图表的选取

数据图表化是通过数据间的关系来选择图表的，只有掌握选择图表的原则，才能用图表清晰地表达相关的主题和内容。在绘图时，根据所要表达的数据图表的着重点，可以选择以下多种类型的图表。

1）成分类型。是各个部分占整体百分比的大小，用于表示整体的一部分，通常采用饼图来表示。

2）排序类型。用于不同类别数据之间的比较，一般以数值大小顺序来排列，通常采用条形图来表示。

3）时间类型。用于表示按一定的时间顺序发展的趋势，通常采用条形图、线形图、面积图来表示。

4）频率类型。与排序类型类似，用于表示各项目、各类别间的比较，通常采用条形图来表示。

5）相关类型。用于衡量数据特征之间的关系及相关性的变化，通常采用散点图来表示。

（4）图表的制作

确定好所需要表达的数据关系及选用的图表后，就可以开始对图表进行绘制。绘制图表时通常需要注意以下几点要素。

1）表达同一特征目的时，可以多选取几个图表，结合不同图表之间的优缺点反映数据的差异性。

2）需要清楚地表述图表的内容，通过图例、标题等形式对图表情况进行描述。

3）数值坐标轴的值需要设置恰当，可通过单位的选取，缩小由于坐标值的设定产生的差异。

培训课程 2　方案设计

学习单元 1　应用场景分析与功能结构图的设计

一、应用场景分析

场景在区块链应用功能开发中是一个非常关键的概念，软件设计开发过程中最为关键的步骤就是分析建立应用场景。在区块链应用开发过程中，场景可以理解为用户在使用区块链过程中可能出现的任何一种产品状态。区块链的任何应用功能开发都是为了满足用户使用区块链的需求，应用场景的分析也是不断提升用户体验的一个过程。所以，应用场景分析对于功能开发非常关键，可以为如何更好地开发功能提供一个非常重要的思考维度，从而创造出适用于多个场景的功能。通常情况下，不同的应用场景使用区块链完成的任务是不同的，如金融交易场景完成的是资产交易，版权存证场景完成的是对版权的上链存证。

1. 应用场景分析的描述方法

应用场景在一般情况下可以描述为"在某某时间（when），某某地点（where），周围出现了某些事物时（with what），特定类型的用户（who）萌发了某种欲望（desire），会想到通过某种手段（method）来满足欲望"。所以，该描述方法的关键在于对时间（when）、地点（where）、事务（with what）、特定用户（who）、欲望（desire）以及实现方式（method）进行结构化分析。应用场景往往产生于用户需求的环境，通过场景环境的信息，分析诱发需求的条件和需求产生时的环境条件，即对 when、where、with what 三者进行分析，并针对 desire 挖掘需求背后更深层次的某种需求，也就是对用户需求进行层层剖析，再提出合理的解决方案，即

19

method，达成目标需求。

例如，在比赛现场获奖拿到证书之后，用户要拍照留念，并想将照片永久保留。基于这个场景，可以分析出，用户是在"获奖"信息的刺激下想要拍照留存，即产生存证的需求，可以提出如何通过手机客户端完成照片存证的解决方案。

对上述应用场景分析的关键在于对应用场景之下的用户需求环境进行分析。需求环境就是产品或者服务流程在其工作范围内的应用实境，简而言之，就是假定一个使用环境，推导该产品或服务的应用状况，以对用户需求的挖掘提出合理的解决方案。

 **相关链接**

区块链应用场景特征

区块链应用主要是实现区块链技术在各个场景的落地应用，但不同的应用场景都会被赋予区块链的基础特性。分别是难以篡改性、唯一性、智能合约和去中心自组织。区块链的链式结构决定了其难以篡改性，通常情况下，区块链账本中的交易数据一旦上链便不可被修改，除非以类似于交易回滚的方式来重新修正，但整个过程都是被记录下来的，有迹可循。所以，在跨主体协作、需要低成本信任、存在长周期交易链条这三种应用场景下，都可以利用区块链的难以篡改性。唯一性表示的是价值所需要的唯一性，用数字化的表达方式模拟现实中实物的唯一性，可以说是区块链技术真正使虚拟物品变得唯一。智能合约为各种应用场景之下的价值转移提供了可能，极大地扩展了区块链应用的可能性。去中心自组织的特性是区块链应用的核心，大部分场景都以自治运转为首要目标，这样的治理方式正在变革着生产组织形式和社会协同方式。基于区块链特征，区块链的真正价值也将在未来各种未知的应用场景下被无限放大。

2. 应用场景分析的意义

应用场景分析以使用场景的方式描述需求，了解用户真实需求，有效避免所开发的功能无法实现潜在价值与目标的弊端。区块链应用操作员可以从功能性角度出发，帮助用户解决现实场景中的问题，并进一步了解问题发生的频率，分析需求强度，挖掘有价值的功能再进行开发，以功能的共鸣促进应用场景的落地，这也是应用场景分析的意义所在。

二、功能结构图的设计

功能本质上是系统应该完成的任务，通常情况下，系统的总功能可以分解为若干分功能，各分功能又可以进一步分解为若干二级分功能，以此类推，直到各分功能被分解为功能单元为止。所谓的功能结构图就是按照功能的从属关系画成的图表，如图 1-6 所示，每一个框都称为一个功能模块，如"用户管理"的大功能模块下包含有诸如"删除用户""查询用户""编辑用户"的小功能模块。在不同场景下，功能表现存在差异，功能结构设计的合理与否决定了用户体验的好坏。

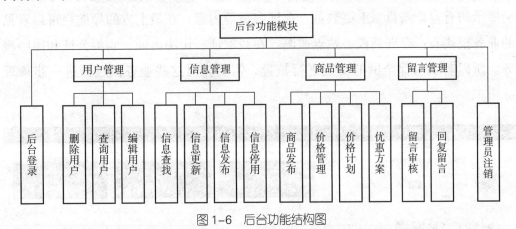

图 1-6　后台功能结构图

功能模块可以根据具体情况分解得大一点或小一点，分解得最小的功能模块可以是一个程序中的单个处理过程，而较大的功能模块则可能是完成某一个任务的一组程序。功能结构图的绘制即是对用户需求的梳理过程，可以防止在产品需求转化为功能需求的过程中出现功能模块缺失和功能缺失的现象。

1. 功能结构图的设计步骤

功能结构的建立是对功能进行分解的过程，是由抽象到具体、由复杂到简单的过程，功能结构图的设计主要从整体性目标和独立性目标两方面出发。

● 整体性目标：由系统数据流程图出发导出初始结构图

表示从整体出发对系统进行逐层分解，即对整体大模块进行划分。此过程不仅需要遵守模块划分的基本原则和完成数据流程图所规定的各项任务，还需要对分解出的每一模块标明信息传递情况。其中，每一模块的实现方法和系统结构的层数都在考虑范围内。

● 独立性目标：改进系统功能结构图

表示从独立性目标出发，对每个模块进行检查、提高，确定是否可以进一步降低关联度、提高聚合度，直至达到理想效果。

了解到如何对上述两方面目标进行分析后，在功能结构图的实际设计中，通常按照以下四个步骤进行。

（1）梳理业务流程

绘制功能结构图需要先了解业务流程，因为功能是业务的承载方式，通过对业务的详尽了解可以帮助建立功能结构，理清系统具备哪些功能。而业务流程图是最直观展现业务的方式，一般通过对业务流程图的分析即可梳理出大致的功能模块。以保全网为例，如图1-7所示，从首页登录即可进入到个人数据页面，分别展示的有存证条目、上链数量、存证容量等内容，在最上方的导航栏可以看见的业务模块有：存证确权、站点监测、在线取证、司法出证、购买公证和律师服务。所以若要对保全网的功能进行梳理，需要先对这些业务流程做进一步梳理分析。

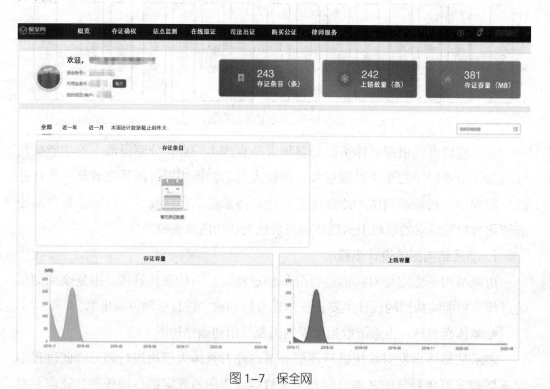

图1-7 保全网

（2）拆解功能模块

在分析完业务流程图后，可以通过抽象关键业务节点或操作来划分功能模块，并将一些功能模块进行合并分类、拆解分类。

（3）绘制成思维脑图

思维脑图在功能结构图的绘制前期最常使用，指的是将功能结构以更小的颗粒度进行展示。但是面对一些复杂的功能时，若是要拆解到最小颗粒，相对来说较为困难，因此只需拆分到一定的颗粒度即可。

（4）设计功能结构图

在做好上述的分析、拆解以及绘制工作后，可以正式进入功能结构图的绘制，将原有的资料进一步整合，设计出符合业务流程的功能结构图。

2. 功能结构图的模块划分原则

模块化的过程就是对系统进行模块划分。通过将系统整体分解为小模块的方式实现简单的功能，每个模块既独立又相互联系，所以对模块的划分直接影响着系统设计的质量、开发时间、开发费用以及系统实施维护的便捷程度。一般情况下，模块划分遵循以下原则。

（1）模块之间低耦合，模块内部高聚合

低耦合指的是尽量减少模块之间的联系程度，即任一模块的运行应尽量与其他模块无关。高聚合指的是功能上的聚合，即在具备独立性的同时又具备强聚合性，保证各个组成部分是密切相关的。

（2）模块大小适当

若模块过大，会对系统的阅读、测试和维护等方面造成困难；若模块过小，则会增加模块接口的复杂性，增加调试难度，导致工作效率降低。

（3）硬件、变动模块整合

尽可能把硬件相关的部分集合在一起，放至一个或多个模块内；尽可能把变动的部分集合在一起，便于在变动时更好地处理，防止因变动而造成影响范围的扩大。

（4）建立公共模块

尽可能消除重复性的工作，通过建立公共模块来减少冗余，减轻工作量。

（5）模块调用

每一个模块仅有一个入口和出口，且只归其上级模块调用。

（6）合理的扇入数和扇出数

保持合理的模块扇入数和扇出数。

3. 功能结构图的设计重点

功能结构图的绘制，一种是对未完成的产品在设计阶段进行绘制，确定产品功能结构；另一种是对已完成的某个版本的产品进行绘制，用于分析并传递该产品的功能结构。在设计过程中，设计重点包括以下几方面。

（1）主功能模块的确定

主功能模块作为产品在完整业务流程中的各个核心功能模块，需要根据业务需求分析结果进行提炼。对于已确定的产品来说，可以参考产品的 Tab 功能模块来寻找主功能模块，再按层级归属关系进行模块划分，缩小颗粒度。

（2）颗粒度的确立

功能结构图中的颗粒程度需要根据具体应用场景进行分析确定。需要注意的是：在功能结构的建立过程中应该将设计思维由发散趋向于收敛，也就是不断细化功能结构图的颗粒度直至拆分至某个具体的功能操作。

（3）相似性功能的归类

通过分类将具有相似性质的功能放置在一起，再以大的类别为基础作为产品的主框架，以小的类别作为子框架进行补充，从而形成整个功能框架。

（4）功能间关系的确认

功能间的关系通常有包含、并列、互斥等，若是包含关系，可以使用纵向的方式进行功能架构；若是并列关系，可以使用横向的方式进行功能架构。

（5）功能使用频率的分析

使用频率越高的功能其重要性也越高，需要将这个功能放置在最容易触及的地方，在进行功能架构时，优先考虑以该功能为核心进行功能架构。

（6）系统扩展性的考虑

产品是一个不断更新迭代的过程，其功能也需要不断增加完善，所以为了系统以后的扩展性，需要一个稳定的功能架构来支撑，以免在未来增加任何新功能的时候需要将系统推翻重来。

学习单元2　业务流程图的绘制和描述

一、业务流程图的绘制和描述方法

业务流程图通常是运用一些特定的符号和连线来表示某个具体业务的实际处理步骤和过程，以此来详细描述任务的流程走向。业务流程图描述的是完整的业务流程，以业务处理过程为中心，一般没有数据的概念。业务流程图的绘制工作基于应用场景，并根据实境分析和比较其有利和不利因素，找出合理的业务操作流程，描述业务走向，简单来说就是业务流程的梳理分析工作，帮助判断业务应用范围并设计出合理流程。从系统程序分析，业务流程图就是利用系统分析人员都懂的共同语言来描述系统组织结构、业务流程。

换个角度看，业务流程图从字面上理解就是通过图的绘制将业务流程描述出来。其中，"业务流程"是一系列的业务逻辑关系，包含因果关系、时间先后、必要条件、输入输出等，需要对特定的应用场景下如何满足用户的特定需求进行总结。"图"就是将这一系列逻辑关系以图形化的方式呈现出来，具有图形化、可视化的特点，方便对业务流程进行优化迭代。换句话说，业务流程图就是描述不同个体在相应条件下具体做了哪些事情，彼此有何联系，主要从以下方面进行描述分析。

（1）涉及的主体有哪些？如区块链司法存证涉及的主体有存证用户节点、鉴定中心、公证处、法院、仲裁机构等。

（2）每个主体都有哪些任务？如存证用户节点主要进行存证操作。

（3）各个主体之间具有怎样的联系？通常涉及多个主体，每个主体之间都有联系。如存证用户节点在进行出证时，需要请求出具司法鉴定报告，这时需要与鉴定中心产生联动，对相关存证内容出具相应的司法鉴定报告。

1. 业务流程图的绘制和描述基本原则

业务流程图的绘制是按照业务的实际处理步骤和过程进行的，包含直式流程图和横式流程图两种基本方式。在流程图的绘制过程中，需要理清每一项业务的输入、处理、存储、输出以及立即存取要求，同时还需要梳理各个岗位、各个业务流程之间的关系，除去一些不必要的环节，即对重复的环节进行合并，并同步对新的环节进行增补，再对计算机系统需要处理的环节进行确定。业务流程图的绘制过程需要遵循一定的表达规范，正确使用基本图例，如业务参与人员、数据流动方向、数据载体、业务功能描述等的正确表达。业务流程图基本图例如图 1-8 所示，长方形表示的是"流程"，是流程图中的一个处理步骤；菱形表示的是"判定"，表示对下一个条件进行判断抉择；椭圆形或圆形表示"开始"，表示一个流程的开始；还有诸如"数据"形状、"数据库"形状、"推迟"形状等的应用。

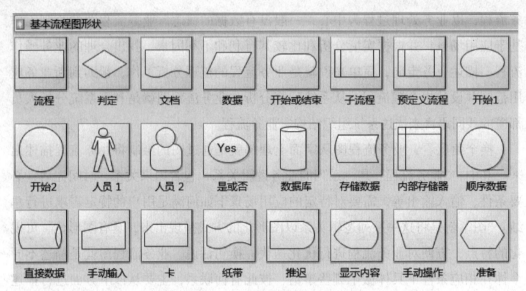

图 1-8　业务流程图基本图例

　　业务流程图的绘制是有层次的，是由顶至底、由整体到部分、由宏观到微观、由抽象到具象的逻辑关系。一般情况下，需要先建立主要业务流程的总体运行过程，再对其中的每项活动进行处理分析，分解至各个部门，建立相对独立的子业务流程以及为其服务的辅助业务流程。绘制应先明确需要梳理业务流程的范围，即确认关键节点，绘制出顶层业务流程图，再从顶层的业务流程分解开始，由粗至细，并遵循以下梳理原则。

　　（1）界定范围内的业务全局。

　　（2）包含该范围内的关键节点。若相应的环节尚不存在，需要注意它在下一层分解中应该被包含在该关键节点中。

　　（3）顶层流程图分解出的关键节点是否需要进一步细化分解，主要视该节点涉及的"活动""角色"等的复杂程度而定。

　　通常情况下，通过业务的分解可以梳理出清晰的目录结构，再根据业务流程的目标确认是否继续分解。业务流程图的常用结构有顺序结构、选择结构和循环结构三种，如图 1-9 所示，顺序结构指的是业务按顺序进行的结构，选择结构指的是业务在一定的选择之下进行的结构，循环结构指的是业务经历相应循环的结构。

　　业务流程图描述法指的是采用特定的符号，辅以简要的文字或数字，以业务流程线加以联结，将某项业务的处理程序和内部控制制度反映出来。所以，对于一些经常发生或是重复发生的业务可以采用业务流程图来描述。业务流程图描述法可以从整体的角度出发，直观反映内部控制的特征，对于审计人员来说，一方

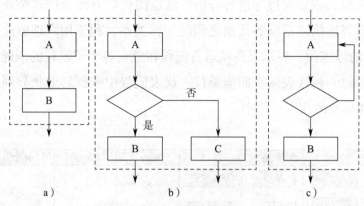

图 1-9　业务流程图的常用结构图

a）顺序结构　b）选择结构　c）循环结构

面可以对内部控制进行分析评价，另一方面还可以根据控制程序的变化随时进行修改操作。但是，绘制业务流程图具有一定的复杂性，尤其是涉及复杂度较高的业务时，需要操作人员具备一定的技术能力，同时内部控制系统中的一些弱点也很难通过流程图直接反映出来，在系统实施运行上也容易产生问题。

2. 业务流程图的分类

业务流程图按表现方式可以分为泳道图和任务流程图，按符号复杂程度可以分为基本流程图和完整流程图，一般运用相关软件进行绘制。

（1）泳道图

泳道图是一种 UML（Unified Modeling Language，统一建模语言）活动图，能够清晰体现出某个动作发生在哪个部门，反映出商业流程中人与人之间的关系，常见工具有 StarUML、Rose、Visio 等。总体来说，泳道图是将模型中的活动按照职责组织起来。这种分配可以通过将活动组织层用线分为不同区域的方式来表示，由于外观像泳池中的泳道，故这些区域被称作泳道。泳道图按角色划分为一个个泳道，每个角色的活动散落在各个角色对应的泳道里，表示浮在泳道中的都是一个个活动。一般情况下，泳道图在纵向上是部门职能，在横向上是岗位（有时横向上不区分岗位）。绘图元素与传统业务流程图类似，但在业务流程图主体上，通过泳道（纵向条）区分出执行主体，即部门和岗位。

泳道图的绘制在业务流程图中最为常见，可以表现为横向的泳道，也可以表现为纵向的泳道，常被称为"以活动为单位的流程图"。泳道图的绘制主要分为三个维度：组织机构维度、阶段维度和流程维度，一般情况下，纵轴表示组织机构维度，横轴表示阶段维度。绘制之前需要对这三个维度进行思考，并对涉及的组织机构、阶段、主要流程等进行分析。泳道图可以方便地描述企业的各种业务流程，能够直观地描述系统各活动之间的逻辑关系，利于用户理解业务逻辑。如图 1-10 所示的泳道图，展示了商城运营流程和负责各个子流程的职能单位或部门之间的关系，每一栏代表一个职能单位，代表流程中步骤的形状分别放在负责这些步骤的职能单位的相应一栏中。

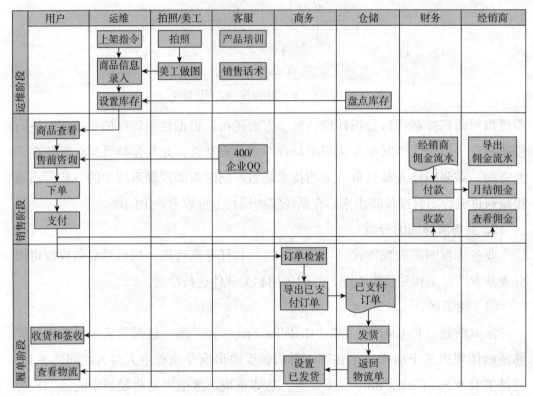

图 1-10　商城运营泳道图

（2）任务流程图

任务流程图是指用户对产品的一个操作流程，这个流程是为了完成某个任务，如登录、注册、下单、退款等。一般情况下，任务流程图的绘制需要先列举出所有操作步骤及关键状态，再按顺序排列，形成完整的流程图。其中，需要特别注意任务流程的闭环，要做到有始有终，不能中途中断使之无路可走，即不能形成一个严谨的流程。所以，一个清晰的任务流程图必须要有开始和结束标识，并标示出对所有输入和输出的判断，理论上所有的动作都需要有正反馈和负反馈。如图 1-11 所示，该任务流程图是产品的登录流程图，主要功能有微信扫码打卡和打卡记录的查看，该流程形成了完整的闭环。

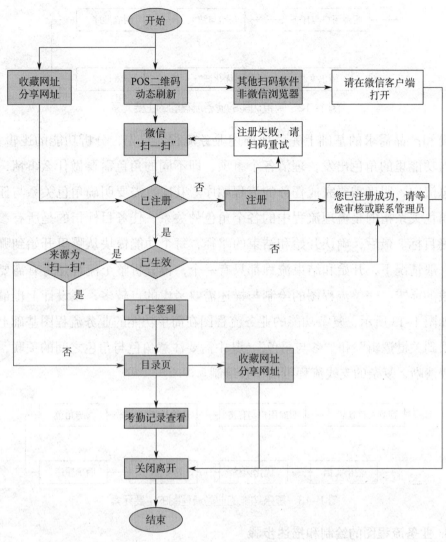

图 1-11 任务流程图

（3）基本流程图

基本流程图是指对某一简单过程进行分析、设计，以简洁的图形描述过程的流动方向。表示开始或结束的符号是最为常用的流程图符号。通常情况下，专业的绘图软件中含有大量基本流程图模板，可以快速创建基本流程图。基本流程图相对简单，所以组织结构看起来更为清晰、美观，也易于理解。简单功能的业务流程图的主要元素如图 1-12 所示。使用 Visio 中的数据可视化工具图表还可以从数据中自动创建基本流程图。

（4）完整流程图

完整流程图比基本流程图复杂，需要对业务进行准确完整的表达，在理清业

图 1-12　简单功能的业务流程图的主要元素

务逻辑和产品需求的基础上完整地描述业务流程。首先，分析功能的逻辑关系，从参与功能里的角色出发，理清各个事项，即不同的角色需要做什么事情，再确认信息流向，明确需要完成任务的流程顺序。其次，需要明确角色关系与任务目标，角色关系指的是梳理流程中的各个角色的关系，任务目标指的是所有参与者的最终目标。最后，确认开始和结束的路径，每个功能模块从哪里开始到哪里结束，一般情况下，开始和结束流程都只有一个，再分析整个流程是否有需要区分时间段的需求。完整流程图的绘制与描述需要考虑的点较多，在设计上也最为复杂，如图 1-13 所示，复杂功能的业务流程图在简单功能的业务流程图基础上加入了"回到关键逻辑"和"参与角色"，其中需要注意角色与角色之间的关联，保证主流程清晰，复杂的支线流程可以单独绘制。

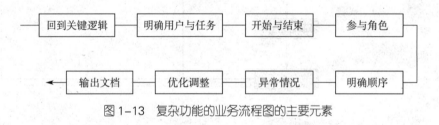

图 1-13　复杂功能的业务流程图的主要元素

3. 业务流程图的绘制和描述步骤

业务流程图的绘制和描述全过程分为四个阶段。首先是研究绘制阶段，在绘制业务流程图前，需要将业务流程图的关键要素进行收集整理，也就是对业务进行调查研究。然后是梳理提炼阶段，对业务流程的关键节点进行梳理提炼，运用专业的工具对业务流程进行详细描述和展现，需要选择合适的流程图结构和图例。接着进入评估确认阶段，需要精通业务和流程图中所涉及的角色的参与，对业务流程图进行深度剖析，确认流程的准确性。最后是维护更新阶段，业务流程图需要进行不断维护和更新，也就是对流程进行变更优化，让其更适应实际业务的发展。

一般情况下，可以基于业务流程图绘制的三部曲进行设计，即调研、梳理呈现和评审确认。

（1）调研是初期阶段

该阶段需要请熟悉整体业务的人进行讲解，以便于了解大局，并进行实地观察和询问，对讲解内容进行验证，关注业务细节。调研过程是基于应用场景之上的，所以需要解决的问题仍然是"who""what""why""how"以及"where"等。通常情况下，调研阶段可以帮助建立起合理的系统观，对后期业务流程图的绘制起到决定性作用。

（2）梳理呈现是中期阶段

该阶段需要对角色、活动、次序以及规则进行梳理分析，将调研收集到的资料用更直观明了的方式呈现出来，也为后期的评审和优化做好准备工作。该阶段需要使用相应的绘图工具，运用流程图的图形符号进行绘制。

（3）评审确认是后期阶段

通常，除了对流程图的合理性进行评定外，还会对业务流程的理想性进行评定，各个部门的岗位代表都会被列入评审范围内，从而对业务流程做出进一步优化。业务流程优化往往是自上而下的，通过分析业务流程图寻找关键节点的人进行访问，直接切入，从缺失、重复、风险、效率等方面全面优化，制定出更为合理的方案。相应地，后期也需要做好归档维护工作，以便跟踪回溯。

二、业务流程图的要素

流程图即流程与图的组合。适合用业务流程图表现的业务流程必定是有一定程度的规律可循，而专业的业务流程图通常包含六大要素：参与者、活动、次序、输入、输出和标准化。

1. 参与者

参与者表示在这个流程中的角色，可以是系统，也可以是人员（一般表示有某个工作职责的人，即某种工种的人）。如区块链应用操作员同时有 A 和 B 两人，但是他们的工作性质完全一样，那么在流程图里只需要写一个"区块链应用操作员"角色就可以了。

2. 活动

活动表示所做的事，如实施了登录、注册等活动。

3. 次序

次序表示流程中事情发生的先后顺序及前 / 后置条件。如用户不加入区块链节点就不具备记账权限。

4. 输入

输入表示判断活动的开始，每项活动开始的标志为输入物或数据。如用户注册或登录账号时需要输入账号和密码。

5. 输出

输出表示每项活动结束后传递给下一环节的文档或数据。如后台服务器接收到账号和密码后，输出数据，使用户得以完成注册或登录。

6. 标准化

标准化是指采用一套标准化的符号用以传递描述出的流程图，如同一门语言具有专门的语法来使其标准化，以便于更好地传播。但关于流程图的标准化并不是强制的，事实上，因为流程图种类的多样性，其表述方式并没有完全统一，所以流程图一般情况下只要能够传递清楚任务和次序即可。

三、业务流程图常用绘制工具及使用方法

1. 常用的流程图绘制工具

（1）Visio

Visio 是微软推出的一款流程图绘制工具，具有很多组件库，可以方便快捷地完成流程图、泳道图、结构图等的绘制。其中，通过 Visio 中强大的"数据可视化工具"功能，还可以将 Excel 中的复杂数据转换为对应的流程图。除绘制外，还可将流程图元素转化为形状，并自动执行业务流程。

（2）OmniGraffle（Mac）

OmniGraffle（Mac）是一款思维流程图软件，支持一般流程图的绘制，相较于 Visio 效率较低，但画出来的图形在观赏性上更胜一筹，同时支持外部插件，提供集成的"检查器"和"模板"窗口、可管理模板和样板的全新"资源浏览器"，其共享图层、形状组合等功能都极具特性。

（3）ProcessOn

ProcessOn 是一款网页版的在线作图工具，无须下载、安装，支持在线协作，可以多人同时对一个文件协作编辑，无论何时何地任何组织成员都可以对作品进行编辑、阅读和评论。而且上手比较容易，因为其提供了很多流程图模板，可以快速画出流程图、思维导图、原型图、UML 图、网络拓扑图、组织结构图等。但需要注意的是，在绘制泳道图需要增加泳道时只能在最后一列加入，不能在中间加入。

（4）Axure

Axure 是一款专业的快速原型设计工具，能够快速建立应用软件或 Web 网站的线框图、流程图、原型和规格说明文档。但是要绘制泳道图、UML 图时，没有对应的模板，需要自己绘制，效率不高，可以制作一个组件，下次直接调用。该软件也同时支持多人协作和版本控制管理。

（5）Edraw

Edraw 是一款简单易用的快速制图软件，适合任何人设计任何类型的图表，并且可以使用免费模板进行快速设计，创建出专业化的图表，兼容 Windows、Mac 和 Linux。该软件能够实现流程图、架构图、工程图、思维导图等数百种专业领域图形、图表的绘制，还可实现一端创作、多端同步。

（6）SmartDraw

SmartDraw 是一款专业的商业绘图软件，可以制作组织结构图、流程图、地图、数学公式、统计表、界面原型等，还提供了上千种不同模板来帮助完成图表的制作。同时，其智能集成、多平台共享的特性可以实现快速集成、无缝移动。

（7）Diagram Designer

Diagram Designer 是一款可以帮助用户制作流程图的软件，可绘制流程图、说明图、UML 图和演示图。Diagram Designer 矢量图像编辑工具可以筹建流程图、图表和滑动展览。该软件还包括一个可定制的样板及调色板，简单的绘图仪，支持使用压缩的文件格式。同时，Diagram Designer 还可以导出多种文件格式。

（8）迅捷画图

迅捷画图是一款小巧但功能强大的画图软件，同时支持移动端和电脑客户端，可以绘制流程图、UML 图、组织架构图、BPMN 等，由于软件提供了大量通用的形状和模板，只需简单拖曳就可以迅速绘制流程图。软件的编辑功能十分强大，简单的编辑即可个性化设计样式。

2. Visio 的使用方法

若要在 Visio 中创建基本流程图，可以遵循以下步骤进行。

（1）启动 Visio。

（2）单击"开始"。

（3）双击"基本流程图"，如图 1-14 所示。

（4）按照需要展示的流程中的每个步骤，将流程图形状拖到绘图页上，如图 1-15 所示。

（5）单击起始形状，然后单击指向形状（即想要连接到的形状），此时会出现小箭头，如图 1-16 所示。

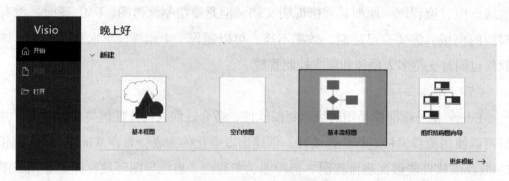

图 1-14　Visio 新建选项

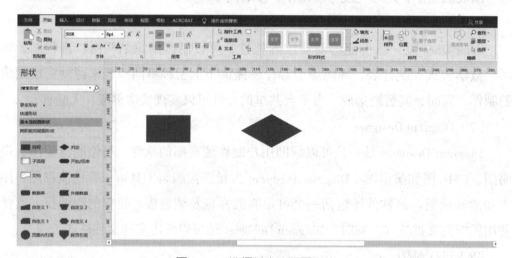

图 1-15　选择基本流程图形状

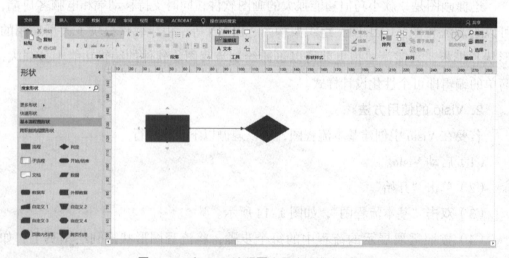

图 1-16　在 Visio 流程图中用连接线连接形状

（6）若要在形状或连接线上添加文本，要将其选中，然后键入文本，如图 1-17 所示。

（7）若要更改连接线箭头的方向，需选中连接线，然后在"形状样式"组中单击"线条"，选择"箭头"，挑选箭头方向和所需的样式，如图 1-18 所示。

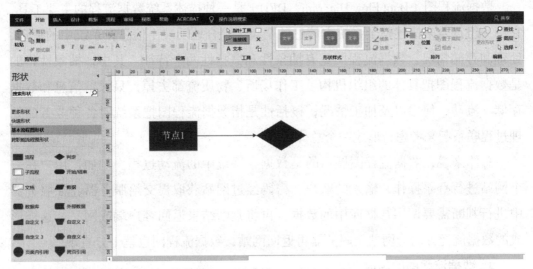

图 1-17　在 Visio 流程图中添加文本

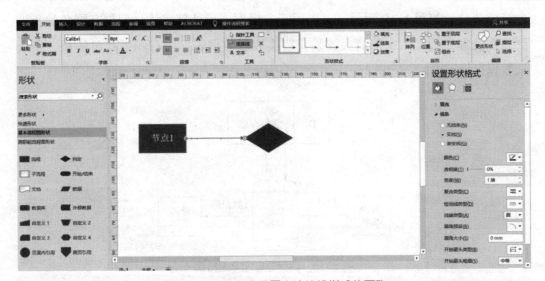

图 1-18　Visio 流程图中连接线样式的更改

学习单元 3　数据流程图的绘制和描述

一、数据流程图的概述及绘制和描述方法

数据流程图（Data Flow Diagram，DFD）是一种描述系统数据流程的主要工具，它用一组符号来描述整个系统中信息的全貌，综合地反映出信息在系统中的流动、处理和存储情况。数据流程图具有抽象性和概括性两个特征。其中，抽象性指的是数据流程图把具体的组织机构、工作场所、物质流都去掉，只保留信息和数据存储、流动、使用以及加工情况；概括性是指数据流程图把系统对各种业务的处理过程联系起来考虑，形成一个总体。

总体来说，数据流程图展示的是数据在系统中的流动过程。例如，用户在一个网站进行登录操作，输入的账户、密码经过网站获取提交给服务器，在服务器中进行判断需要调用数据库中的数据，再将判断结果返回客户端或网站，这样形成的数据流经方向为网站至服务器再返回网站，数据流程图也就十分直观。

1. 数据流程图的组成

数据流程图包括系统的外部实体、处理过程、系统中的数据流和数据存储四个组成部分。如图 1-19 所示，一般用正方形框表示外部实体，用带有圆角的长方形表示处理过程，用水平箭头或垂直箭头表示数据流，用右侧带开口的长方条表示数据存储。

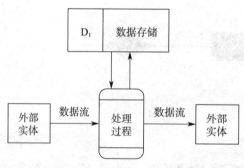

图 1-19　数据流程图基本符号

（1）外部实体

外部实体是指系统以外但又和系统有联系的人或事物，它说明了数据的外部来源和去处。其中，外部实体中支持系统数据输入的实体称为源点，支持系统数

据输出的实体称为终点。通常，外部实体在数据流程图中用正方形框表示，框中写上外部实体名称，为了区分不同的外部实体，可以在正方形的左上角用一个字符表示，同一外部实体可在一张数据流程图中多次出现，这时需在该外部实体符号的右下角画上小斜线表示重复。

（2）处理过程

处理是指对数据的逻辑处理，也就是数据变换，可以用来改变数据值。每一种处理包括数据输入、数据处理和数据输出等部分。在数据流程图中，处理过程用带圆角的长方形表示。长方形分三个部分：标识部分用来标识一个功能，功能描述部门是必不可少的，功能执行部门表示功能由谁来完成。

（3）数据流

数据流是指处理功能的输入或输出。它用来表示中间数据流值，但不能用来改变数据值。数据流是模拟系统数据在系统中传递过程的工具。在数据流程图中用一个水平箭头或垂直箭头表示，箭头指出数据的流动方向，箭线旁注明数据流名。

（4）数据存储

数据存储表示数据保存的地方，它用来存储数据。当系统必须保留数据以让一个或多个程序使用或存储数据时，便可以用数据存储来表达。系统处理从数据存储中提取数据，也将处理的数据返回数据存储。与数据流不同的是，数据存储本身不产生任何操作，它仅仅响应存储和访问数据的要求。在数据流程图中，数据存储用右侧开口的长方条表示。在长方条内写上数据存储的名字。为了区别和引用方便，在左端加一小格，标上一个标识，由字母 D 和数字组成。

2.　数据流程图的绘制和描述原则

数据流程图的绘制和描述主要遵循以下原则。

（1）四元素原则

数据流程图上所有图形符号必须是前面所述的四种基本元素，即外部实体、处理过程、数据流和数据存储。同时，数据流程图的主图必须含有这四种基本元素，缺一不可。

（2）数据流封闭原则

数据流程图上的数据流必须封闭在外部实体之间，外部实体可以是一个，也可以是多个。

（3）输入 / 输出流原则

处理过程至少有一个输入数据流和一个输出数据流。

（4）平衡原则

任何一个数据流子图必须与其父图上的一个处理过程对应，两者的输入数据流和输出数据流必须一致，即所谓的平衡。

（5）元素署名原则

数据流程图上的每个元素都必须有名字。

3. 数据流程图的绘制和描述步骤

数据流程图主要是对存储和处理的逻辑关系进行绘制和描述，将数据的流动过程以更形象具体的方式展现出来。区别于业务流程图，数据流程图的绘制是在数据的角度上，通过保留信息数据对数据流进行抽象化、概括性的表述，并以组合成整体的方式将系统里的各个业务之间的处理关系联系起来，从而绘制出专业的数据流程图。一般情况下，数据流程图的绘制和描述主要步骤如下。

（1）明确输入和输出

把一个系统看成一个整体功能，明确信息的输入和输出。

（2）找到系统的外部实体

一旦找到外部实体，系统与外部环境的界面就可以确定下来，这样，系统数据流的源点和终点也就找到了。

（3）找到输入/输出数据流

找出外部实体的输入数据流和输出数据流。

（4）画出外部实体

在数据流程图的外围画出系统的外部实体。

（5）画出逻辑处理过程

从外部实体的输入流（源点）出发，按照系统的逻辑需要，逐步画出一系列逻辑处理过程，直至找到外部实体处理所需的输出流，形成数据流的封闭。

（6）整体化处理

将系统内部数据处理分别看作是一个整体功能，其内部有信息的处理、传递、存储过程。

（7）细节化处理

如此逐级剖析，直到所有处理步骤都具象化。

二、数据流程图的绘制和描述注意事项

数据流程图的绘制和描述是为了更全面具体地描述数据流程，并对信息在系

统中的流动、处理和存储过程进行综合性表述。在数据流程图的绘制过程中，需要从数据流程图的层次划分、检查修订、简易维护三个角度出发，重视相关注意事项，以确保设计出专业的数据流程图。相关注意事项如下。

1. 关于层次的划分

整个绘制过程中需要逐层扩展数据流程图，即对上一层图中的某些处理框加以分解，进一步处理。随着处理和分解，功能越来越具体，数据存储、数据流越来越多，逐渐深入的层次分解使得流程图更加合理化。那么，究竟需要怎样划分层次？又要将层次划分到什么程度呢？其实这些是没有绝对标准的，一般情况下认为展开的层次与管理层次一致即可，当然也可以划分得更细更具体。但在整个划分过程中处理框的分解要自然，并时刻注意功能的完整性。一个处理框经过展开，一般以分解为 4 ~ 10 个处理框为宜。

一般情况下，从高至低分解的方式可用于展示更多细节。一张数据流程图可以进一步绘制出多张数据流程图，一张比一张详细，直到达到所需的细节层次为止。

2. 检查数据流程图

刚开始分析一个系统时，尽管对问题的理解有不正确、不全面的地方，但还是应该根据自己的理解，用数据流程图表示出来，进行核对，逐步修改，以获得较为完美的图纸。在修改的过程中，可以广泛征求意见，以此修正对问题理解不正确、不全面之处，通过及时核对使数据流程图最终以最为准确的方式呈现。

3. 提高数据流程图的易理解性

数据流程图应简明易懂，正确运用相关描述符号，遵守数据流程图绘制的基本原则，尤其是"四元素原则"，将必要的元素都在流程图中以清晰明了的方式体现出来。简明易懂的数据流程图也有利于后续的设计工作，更有利于对系统说明书进行维护。为了提高沟通效率，可以适当采用编号系统，即对数据流程图赋予唯一的识别身份证号，同时，也为每个程序符号使用一个唯一的参考号码，按层次进行编号，如用（1，2，3，4，…）表示第一层，用（1.1，1.2，1.3，1.4，…）表示第二层，用（1.1.1，1.1.2，1.1.3，…）表示第三层，依次类推。如此一来，负责数据流程图审核和优化的部门能够清楚地在邮件里对层次进行传达，避免产生不必要的沟通成本。

在整个绘制过程中，除了需要注意以上事项外，还需要特别注意数据流规则：数据不能自行转换成另一种形态，数据必须经由某程序的处理才可被分发至系统的某个部分。

培训课程 3

文档管理

学习单元 1 项目文档编写

一、项目文档编写规范

随着区块链技术的发展，出现了很多不同领域的区块链项目应用。为了保证区块链项目应用的开发顺利进行，在区块链项目应用开发的每一阶段都要编制相应的文档，这些文档是区块链项目应用开发中不可缺少的部分。

项目文档编写规范的目的是为区块链项目管理人员和文档编写人员编写文档时提供依据，对重要文档要包含的内容做了说明，编写人员可以按照这些规范编制文档，同时也可以根据实际开发的区块链应用特点对文档内容进行修改扩充。

按照区块链项目应用生命周期的特点，通常可以将项目文档分为三类：开发文档、产品文档和管理文档。三种文档的规范主要内容如下。

1. 开发文档编写规范

开发文档是用来描述区块链项目应用开发过程的文档，如"应用需求分析说明书""可行性研究报告"。该规范的主要内容是不同开发文档的编制方法，供开发文档编写人员参考使用。

2. 产品文档编写规范

产品文档是用来描述区块链项目应用产品的文档，如"操作手册""培训手册"等。该规范的主要内容是不同产品文档的编制方法，供产品文档编写人员参考使用。

3. 管理文档编写规范

管理文档是用来描述区块链项目应用管理内容的文档，如"质量控制计划""需求变更申请说明书"。该规范的主要内容是不同管理文档的编制方法，供管理文档编写人员参考使用。

上述三种规范的使用者主要包括项目管理人员、文档管理人员、产品人员、应用开发人员、测试人员以及与文档编写有关的项目组成员。

二、项目文档编写方法

1. 开发文档编写方法

开发文档包括需求、设计、测试、实施等方面的内容，如应用需求说明书、可行性研究报告、项目开发计划书、概要设计说明书、详细设计说明书、测试计划、测试分析报告和项目开发总结报告等。在开发文档编制的过程中，编写人员要保证开发文档的质量。开发文档应具有针对性、精确性、清晰性、完整性、灵活性、可追溯性。

下文介绍了在开发区块链项目应用过程中所产生的部分开发文档的内容提纲。

（1）应用需求说明书

应用需求说明书也称应用规格说明。该说明书主要对所开发区块链项目应用的具体功能、用户界面及运行环境等做详细说明。应用需求说明书在需求分析前编写完成，作为可行性研究和需求分析的基础和依据。应用需求说明书的内容提纲如下。

1）文档概述

①编写文档目的。说明编写应用需求说明书的目的，该文档所涉及的编写成员、目标读者等。

②背景。说明需开发的区块链项目应用的背景。

③术语和缩略语的定义。说明文档中出现的术语和缩略语及其定义。

2）需求说明。说明需开发的区块链应用在功能、性能、输入输出、安全保密等方面要求。

3）运行环境。说明区块链应用运行所需的硬件设备、系统软件和软件工具。

（2）可行性研究报告

可行性研究报告在需求分析前编写完成，其编写目的是说明开发该应用在技术、经济和社会条件方面的可行性，说明并论证所选定的开发方案。可行性研究报告描述了应用的基本情况，应用开发的目标和总体要求，其内容提纲如下。

1）项目总览。综合叙述研究报告中各部分的主要问题和研究结论，并对项目应用的可行性提出最终建议。

2）项目概况。描述开发区块链项目应用的名称，应用的开发承办单位，项目开发内容、目标等。

3）对现有应用的情况分析。对当前实际应用的情况进行说明分析，分析现有应用的目的是进一步说明区块链项目应用的优势。

4）区块链项目应用描述。说明所开发应用的实现方法、数据流程和处理流程。对所开发应用的改进之处、在技术条件方面的可行性等进行描述。

5）开发应用的费用和收益分析。说明费用支出预算（基本开发费用支出，研究、开发过程的费用支出），并进行预期收益分析。

（3）项目开发计划书

项目开发计划书在项目立项后开始编写，在需求分析阶段完成。编写项目开发计划书的目的是用文档的形式，划分确定开发过程中的各个开发阶段，安排开发和交付所使用的时间，规定开发工作应遵守的规则、惯例和约定，规定开发工作中所用的工具和技术，记录各项工作的任务。项目开发计划书的内容提纲如下。

1）文档概述

①编写文档目的。说明编写项目开发计划书的目的，该文档所涉及的编写成员、目标读者。

②背景。说明需开发的区块链项目应用的背景。

③术语和缩略语的定义。说明文档中出现的术语和缩略语及其定义。

2）项目基本情况概述。说明项目的主要工作内容，项目开发的主要人员，项目各阶段的工作结果验证标准等。

3）项目实施的总体计划。说明开发任务的分解和人员分工情况，开发进度安排，经费预算，影响应用开发成败的关键问题、技术难点和风险。

4）项目开发所需条件与支持。说明项目开发过程中所需的条件与支持，例如开发环境、运行环境、用户支持、其他单位支持等。

（4）概要设计说明书

概要设计说明书的内容包括该应用的基本处理流程、组织结构设计、接口设计、运行设计、数据结构设计和出错处理设计等，为应用的详细设计提供基础。概要设计说明书的内容提纲如下。

1）文档概述

①编写文档目的。说明编写概要设计说明书的目的，该文档所涉及的编写成

员、目标读者。

②背景。说明需开发的区块链项目应用的背景。

③术语和缩略语的定义。说明文档中出现的术语和缩略语及其定义。

④参考资料。文中引用的参考资料和文件。

2）应用的总体设计方案

①功能和性能方面的要求。

②应用运行所需的硬件和软件环境。

③基本设计概念和处理流程。

④应用的整体设计框架。

⑤概要设计中尚未解决的问题。

3）接口设计。说明应用的接口设计。

4）数据结构设计。说明应用的数据结构设计。

5）出错处理设计。说明应用的出错处理设计。

6）系统维护设计。说明应用的系统维护设计。

（5）详细设计说明书

详细设计说明书的主要内容是应用中各个层次中的每一个功能实现的设计细节。如果应用比较简单，层次较少，本文档可以不单独编写，可与概要设计说明书合并编写。详细设计说明书的内容提纲如下。

1）文档概述

①编写文档目的。说明编写详细设计说明书的目的，该文档所涉及的编写成员、目标读者。

②背景。说明需开发的区块链项目应用的背景。

③术语和缩略语的定义。说明文档中出现的术语和缩略语及其定义。

④参考资料。文中引用的参考资料和文件。

2）详细设计说明。说明应用中每个模块的设计思路、处理流程等。

（6）测试计划

测试计划是项目应用实施计划中的一项重要内容，一般在应用开发初期（需求分析阶段）制订，用来定义被测试对象和测试目标；制订测试人员、软硬件资源和测试进度等方面的计划；描述要进行的测试活动的范围、方法、标准、资源、测试工具和进度等，包含单元测试计划、集成测试计划、系统测试计划。测试计划的内容提纲如下。

1）文档概述

①编写文档目的。说明编写测试计划的目的，该文档所涉及的编写成员、目标读者。

②背景。说明需开发的区块链项目应用的背景。

③术语和缩略语的定义。说明文档中出现的术语和缩略语及其定义。

④参考资料。文中引用的参考资料和文件。

2）测试策略。描述测试整体策略、测试技术、测试过程、测试范围、风险分析等。

3）测试方法。划分测试阶段、测试用例设计，描述测试实施过程等内容。

4）测试过程管理。描述测试文档管理、缺陷处理、测试报告等内容。

（7）测试分析报告

测试分析报告是在测试分析的基础上，对测试的结果以及测试的数据等加以记录和分析总结。包含单元测试分析报告、集成测试分析报告和系统测试分析报告等内容，在测试工作完成以后提交。测试分析报告的内容提纲如下。

1）文档概述

①编写目的。说明编写测试分析报告的目的。例如为了发现和测试某区块链项目应用的错误和缺陷。

②背景。说明测试的应用名称、简介、测试任务，指出测试环境与实际运行环境之间可能存在的差异，以及这些差异对测试结果的影响。

③测试机构和人员。介绍测试机构、测试负责人、测试人员。

④术语和缩略语的定义。说明文档中出现的术语和缩略语及其定义。

⑤参考资料。文中引用的参考资料和文件。

2）测试概要。简单描述每一项测试及测试的内容。

3）测试结果及发现的问题。说明测试的详细内容，包括测试步骤、测试结果及问题。

4）测试分析。描述经过测试发现的缺陷和问题，说明这些缺陷、问题对应用可能造成的影响。

5）结论

①应用缺陷和问题。

②评价。说明被测试应用是否达到预期目标，并对未能达到目标的问题进行分析说明。

③建议。提出对测试中发现问题的改进建议。

（8）项目开发总结报告

项目应用开发完成之后，应当与项目开发计划对照，总结实际实施的情况，如进度、成果、资源利用、成本和投入的人力等。此外，项目开发总结报告是为了总结项目应用开发工作的经验，说明实际取得的开发成果以及对整个开发工作各方面的评价，因此编写文档时应着重说明项目应用开发过程中的经验与教训。该文档在项目运行与维护阶段编制完成。项目开发总结报告的内容提纲如下。

1）文档概述

①编写目的。说明编写项目开发总结报告的目的，该文档所涉及的编写成员、目标读者。

②背景。说明应用的名称、开发部门及使用部门。

③术语和缩略语的定义。说明文档中出现的术语和缩略语及其定义。

④参考资料。文中引用的参考资料和文件。

2）开发结果

①最终提交的产品。描述应用名称、源代码数量、存储形式；产品文档等。

②应用主要的功能和性能。

③功能和性能是否达到预期目标。

④应用的基本处理流程。

⑤应用所用工时（按人员的不同岗位分别计算）。

⑥应用实际的开发进度（应用开发计划进度与实际开发进度的对比）。

⑦应用实际的费用支出。

3）评价

①对开发效率的评价。给出平均每人每月生产的源代码行数、文档的字数等。

②对开发进度的评价。

③对应用质量的评价。

④对技术方案的评价。

4）经验与教训。说明在应用开发工作中得到的经验与教训，以及对今后的应用开发工作的建议。

2. 产品文档编写方法

产品文档是开发过程中的主要文档，其作用是用来描述产品的运行环境、各项功能和操作方法。产品文档主要包括产品使用说明书、操作手册、培训手册、技术资料和参考资料等。

下文介绍了在开发区块链项目过程中产生的产品文档（操作手册、培训手册）的内容提纲。

（1）操作手册

区块链项目应用操作手册应在概要设计阶段开始编写，在测试阶段完成编写。操作手册是用来详细描述区块链项目应用的功能、性能和用户界面，使用户了解如何使用该应用的说明书。操作手册的内容提纲如下。

1）引言

①编写目的。说明编写该操作手册的目的，该手册所涉及的编写成员、目标读者等。

②术语和缩略语的定义。说明本手册中出现的术语和缩略语及其定义。

③参考资料。本手册中引用的参考资料和文件。

2）应用概述。描述该应用的功能、性能、用途、运行环境等。

3）应用使用说明。详细描述应用的使用步骤。

4）应用维护。提供应用维护的方法。

（2）培训手册

区块链项目应用培训手册是对应用操作与维护人员进行培训的参考资料，其在应用试运行前完成编写。培训手册内容包含培训对象、培训目的、培训内容等。培训手册的内容提纲如下。

1）引言

①编写目的。说明编写该培训手册的目的，该手册所涉及的编写成员、目标读者等。

②背景。说明区块链项目应用的具体名称，该手册针对的培训对象。

③术语和缩略语的定义。说明本手册中出现的术语和缩略语及其定义。

④参考资料。本手册中引用的参考资料和文件。

2）应用介绍。介绍该应用的系统角色、权限、开发目标、功能、性能、用途、运行环境、使用说明等。

3）异常解决方法。说明应用可能出现的异常情况，并提供对应的解决方法。

3. 管理文档编写方法

区块链项目的应用开发主要分为六个阶段：需求分析阶段、概要设计阶段、详细设计阶段、编码阶段、测试阶段、运行与维护阶段。这六个阶段在实施过程中，文档管理人员需要将开发进展等相关管理信息编写为对应的文档，例如，开发过程遇到的问题及其解决办法、完成任务的时间表、质量控制措施、费用预算以及对开发工作结果的评审和评价。同时，在编写过程中应参考相关规范文件，从而提高开发质量。

下文介绍了在开发区块链项目应用过程中所产生的管理文档的内容提纲。

（1）质量控制计划

质量控制计划是针对某个产品、项目、合同规定等所制定的专门的质量控制文件，是保证产品应用开发质量的关键。质量控制计划应在项目开发的需求分析阶段完成，其内容提纲如下。

1）引言

①编写目的。说明编写质量控制计划的目的，以及该计划所涉及的编写成员、目标读者等。

②术语和缩略语的定义。说明本计划中出现的术语和缩略语及其定义。

③参考资料。本计划中引用的参考资料和文件。

2）项目概述。说明质量控制管理的人员角色和职责、开发过程各阶段需要编制的主要文档。

3）应用开发过程中应遵守的标准、规范。

4）质量检查的工具、技术和方法。

5）开发过程中各阶段的质量目标。

6）质量控制管理记录的收集、维护和保存计划。

（2）配置管理计划

配置管理计划是区块链项目应用开发计划的一部分，在需求分析阶段完成。其配置管理的对象主要是应用开发所依据和产生的配置项，目的在于对所开发的应用规定各种必要的配置管理条款，从而使所交付的应用能够满足应用需求说明书中规定的各项具体要求。配置管理计划的内容提纲如下。

1）引言

①编写目的。说明编写配置管理计划的目的，描述该应用的概况，介绍目标读者。

②适用范围。描述该配置管理计划的适用范围。

③术语和缩略语的定义。说明本计划中出现的术语和缩略语及其定义。

④参考资料。本计划中引用的参考资料和文件。

2）管理

①负责配置管理的机构与人员。

②各阶段中的配置管理任务。

③配置管理人员的职责。

④实现配置管理计划的主要里程碑。

⑤配置管理中适用的标准、规定和约定。

3）配置管理活动

①配置控制，包括版本控制、更改控制。

②配置状态的记录和报告。

4）配置管理所使用的软件工具、技术和方法。

5）记录的收集、维护和保存。

（3）需求变更申请说明书

区块链项目应用开发过程中，如果有人提出需求变更，必须提出书面申请，根据需求变更流程进行变更。需求变更申请说明书的内容提纲如下。

1）需求变更背景

①应用名称。

②提出变更需求的部门或人员。

③提出变更的时间。

2）变更内容、原因和结果。

3）变更影响

①指出变更在技术、业务上的可行性。

②完成变更所需的工作量、费用和人员名单。

③变更对技术、业务上的影响。

4）结论。根据评审结果决定是否进行需求变更。

（4）评审报告

在区块链项目应用开发过程中，需要对开发结果进行评审并生成评审报告，以利于开发的进展及管理。评审报告的内容提纲如下。

1）应用概况

①应用名称。

②应用负责人。

③应用开发所处的阶段。

2）评审依据。

3）评审内容。

4）存在问题记录。记录发现的问题，例如开发遇阻、内容出错等。

5）评审意见。对评审是否通过提出意见。

6）评审结论。

学习单元 2　项目文档控制

一、项目文档控制概述

项目文档控制是指在应用开发进程中对文档进行收集管理控制的过程，需要纳入控制的文档包括需求文档、需求变更文档、项目管理文档、测试文档、用户手册、会议纪要等，涵盖项目管理、项目调研、项目开发、测试验收、项目培训、版本控制、应用上线等整个项目周期。

在区块链项目应用开发过程中，由于应用开发的复杂性，不同阶段都会产生大量的文档，这些文档必须标准化，以便进行管理，确保应用质量。如果不进行项目文档控制，整个项目在管理上就可能变得混乱，问题产生后无据可查。

二、项目文档控制规范

为了保证区块链项目应用开发过程中文档的规范性，应制定文档控制规范。根据区块链项目应用开发的特点，其项目文档控制规范主要包括以下方面。

1. 文档的分类、编码和命名

（1）文档分类

文档从重要性和质量要求方面可以分为非正式文档和正式文档；从项目周期角度可分为开发文档、产品文档、管理文档；更细致一些还可分为 13 类文档，具体有：可行性研究报告、项目开发计划书、应用需求说明书、概要设计说明书、详细设计说明书、数据库设计说明书、用户手册、操作手册、模块开发卷宗、测试计划、测试分析报告、开发进度月报、项目开发总结报告。

在区块链项目应用开发过程中，可以从项目周期角度进行分类。如学习单元 1

所提到的三种文档规范。

（2）文档编码

开发过程中的文档都必须有一个唯一的编码号。项目文档编码规范为：Customer_Project_×××_××_×××。

编码含义为：客户_项目名称_文档分类_文档子类_流水号，可根据实际项目进行删减。例如，数秦科技_保全网_开发文档。

（3）文档命名

区块链项目应用开发过程中产生的文档可按以下规范命名：

文档标题_版本号

注：文档完成第一稿时，起始版本命名为v1.0，文档未完成第一稿之前的文档版本号为v0.1 ~ v0.9；未经客户审阅批准的文档版本总号不变、子号递增，如v1.1、v1.2；经客户审阅批准的，版本总号递增一位，如从v1.2变为v2.0。

2. 文档修订记录要求

修订记录主要是记录文档的修改情况，目的是对文档编写过程进行追溯。基本要素包括修订时间、变更内容、修订版本、修订人。具体格式见表1-1。

表1-1 修订记录表

修订时间	变更内容	修订版本	修订人
2021-05-05	编写初稿	v1.0	×××
2021-05-07	根据评审会议讨论，增加部分功能模块	v1.1	×××

3. 文档变更要求

（1）修改文档时使用"修订"功能，便于文档读者直观了解修改的内容。

（2）文档变更后，及时通知文档相关编写人员与读者，避免相关人员仍使用旧版本文档。

（3）保留所有旧版本文件。

4. 文档使用者及使用权限

（1）对于项目文档的使用人员与使用权限，与其承担的工作有关，具体情况如下。

1）管理人员。使用权限包括可行性研究报告、项目开发计划书、开发进度月报、项目开发总结报告等。

2）开发人员。使用权限包括可行性研究报告、项目开发计划书、应用需求说明书、概要设计说明书、详细设计说明书、测试计划、测试分析报告等。

3）维护人员。使用权限包括概要设计说明书、详细设计说明书、数据库设计说明书、测试分析报告等。

4）客户。使用权限包括用户手册、操作手册等。

（2）项目文档需按密级进行管理，如普通文档、秘密文档、机密文档、绝密文档。

1）普通文档。如开发进度月报，特定岗位的人员可以使用。

2）秘密文档。管理类文档、总结类文档，其中管理类文档包括项目开发计划书等，总结类文档包括项目开发总结报告等。

3）机密文档。管理规程、编写规范等。

4）绝密文档。项目开发预算表、源代码等。

5. 文档作者、修改人

在每个文档编写完成时，需要标明文档的作者及修改人，以便读者明确文档的来源，也便于就某个文档内容找到相应的作者或修改人进行交流。

6. 文档编写工具

由于不同的文档编写工具存在格式兼容等问题，因此应统一规定文档编写工具，例如，Office 与 WPS 二者可选择其一。

7. 文档编写

负责编写文档的作者可以按照有关规范来编写，也可以按照项目的实际情况，规范统一文档的编写格式。

8. 文档修改的管理

在区块链项目应用开发过程中，文档对应的作者、相关项目组成员都可以申请对文档进行修改，但必须遵守如下步骤。

（1）申请

申请修改文档的成员填写修改申请表或建议表，提出对文档的具体修改内容或建议。

（2）评审

由项目负责人或指定的人员对文档修改内容或建议进行评审，包括评审该项修改的必要性、影响范围、费用、可行性等。

（3）批准

由部门负责人进行批准。

（4）实施

项目负责人按照已批准的文档进行修改，建立修改记录，产生新版本文档，分发至文档作者或相关项目组成员。

9. 文档版本控制工具

文档版本控制是随着开发工作的开展逐渐形成文档的不同版本的管理过程，通常使用文档版本控制工具来执行版本控制。

文档版本控制的主要作用是保留开发流程中所产生的文档的每一个版本。文档版本控制工具可以用作开发期间团队工作的审核跟踪，显示人员在每个阶段的进度。借助以上信息，可以更好地诊断开发流程中的问题以及简化开发工作流程。

常见文档版本控制工具包括 VSS、SVN 和 Git。

（1）VSS

VSS 的全称是 Visual Source Safe，负责管理软件开发中各个不同版本的源代码和文档，几乎可以适用任何软件项目。VSS 占用空间小，并且方便获取各个版本的代码和文档。该软件支持 Windows 系统所支持的所有文件格式，兼容独占工作模式与并行工作模式。VSS 通常与微软公司的 Visual Studio 产品同时发布，并且高度集成。

（2）SVN

SVN 的全称是 Subversion，是一个开放源代码的版本控制系统，采用了分支管理系统。

（3）Git

Git 是一个开源的分布式版本控制系统，可敏捷、高效地处理任何项目。Git 与 SVN 不同，它采用了分布式版本库的方式，不需要服务器端软件的支持。

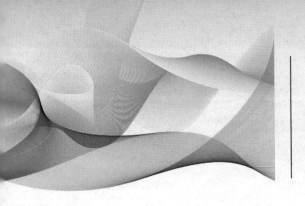

职业模块 ② 区块链测试

培训课程 1　测试设计

　　学习单元 1　测试项及测试指标

　　学习单元 2　测试用例及其编写要求

培训课程 2　测试环境搭建

　　学习单元 1　区块链系统及应用测试环境的搭建

　　学习单元 2　自动化测试工具的配置

　　学习单元 3　Solidity 基本编程

培训课程 3　软件测试

　　学习单元 1　单元测试

　　学习单元 2　集成测试

　　学习单元 3　系统测试

　　学习单元 4　测试报告集成

培训课程 **1**

测试设计

学习单元 1　测试项及测试指标

一、测试项

1. 测试项介绍

在测试前，首先要知道测试什么，其次是保证测试质量与测试用例之间等价。这里面涉及测试点和测试项，其中，测试点即一个测试对象，测试项就是怎么去测这个测试点。

2. 测试项编写方法

（1）测试项主要定义测试什么和验证什么。

（2）测试项通常包括正确条件和错误条件下的测试。

（3）测试项应覆盖所有的需求类别，包括业务规则、功能性需求、非功能性需求、接口需求、数据需求。对产品及需求的理解越充分，测试需求也会越充分。

（4）测试项中不应该包含具体的测试数据，否则会与测试用例分不清，测试数据需在用例中体现。

二、测试指标

软件测试指标是一种定量测量，有助于估计软件测试工作的进度、质量和健康状况。软件测试指标是过程或产品的某些属性的范围、容量、维度、数量或大小的定量指标。常见测试指标词汇如下。

- 返工努力率＝（在该阶段花费的实际返工工作／在该阶段花费的总实际工作

量）×100%

- 要求变化率 =（要求总数/初始要求数）×100%
- 附表差异 =（实际努力量 – 估计努力量）/估计努力量 ×100%
- 在测试中发现缺陷的成本 = 测试中花费的总工作量/测试中发现的缺陷
- 计划滑点 =（实际结束日期 – 估计结束日期）/（计划结束日期 – 计划开始日期）×100%
- 测试案例百分比 =（通过的测试次数/执行的测试总数）×100%
- 测试用例百分比失败 =（测试失败次数/执行的测试总数）×100%
- 被阻塞的测试用例百分比 =（被阻塞的测试次数/执行的测试总数）×100%
- 接受的缺陷百分比 =（开发团队接受的缺陷/报告的总缺陷）×100%
- 缺陷递延百分比 =（未来发布的缺陷/报告的缺陷总数）×100%
- 严重缺陷百分比 =（报告的严重缺陷/报告的缺陷总数）×100%
- 开发团队修复缺陷的平均时间 = 错误修正所需的总时间/错误数
- 每个时间段运行的测试次数 = 运行的测试次数/总时间
- 测试设计效率 = 设计的测试次数/总时间
- 测试审查效率 = 审查的测试次数/总时间
- 每个测试小时的缺陷数量 = 缺陷总数/测试小时总数

测试指标生命周期不同阶段及对应步骤见表 2-1。

表 2-1　测试指标生命周期不同阶段及对应步骤

度量生命周期的不同阶段	每个阶段的步骤
分析	识别指标； 定义已识别的 QA 指标
通信	向利益相关方和测试团队解释度量标准的必要性； 向测试团队介绍需要捕获的数据点以及处理指标
评估	捕获并验证数据； 使用捕获的数据计算度量值
报告	编写报告并得出有效结论； 将报告分发给利益相关者或相关代表； 从利益相关者或相关代表那里获得反馈

测试指标的计算步骤见表 2-2。

表 2-2　测试指标的计算步骤

编号	步骤	举例
1	确定要测量的关键软件的测试流程	测试进度跟踪
2	测试人员使用数据作为基准来确定指标	计划每天执行的测试用例数
3	确定要遵循的信息、跟踪的频率和负责人	测试经理将在当天结束时捕获每天的实际测试执行时间
4	有效计算、管理和解释已定义的指标	每天执行实际测试用例
5	根据已定义指标的解释，确定改进领域	若测试用例执行低于目标集，需要调查原因并提出改进措施

学习单元 2　测试用例及其编写要求

一般来说，测试用例的特点包括完整性、准确性、简洁性、清晰性、可维护性、适当性和可复用性等。

一、编写测试用例的方式

1. 观察法

观察法可以理解为在自然条件下，进行有目的、有计划的系统观察和记录，然后对所做记录进行分析。

2. 等价类方式

（1）定义

等价类方式是典型的"黑盒"测试方法，是将程序所有可能的输入数据划分成若干个等价类，然后从每个部分中选取具有代表性的数据当作测试用例进行合理的分类。该方法设计测试用例时完全不必考虑软件结构，只需考虑需求规格说明书的功能要求即可。

等价类方式可以保证测试用例具有完整性和代表性。等价类可划分为两种：有效等价类和无效等价类。有效等价类是指对于程序的规格说明来说是合理的、有意义的输入数据构成的集合；而无效等价类是指对于程序的规格说明来说是不合理的、无意义的输入数据构成的集合。

（2）适用场景

有数据输入的地方，就可以使用等价类划分法。

（3）测试思想

从大量数据中划分范围（等价类），然后从每个范围中挑选代表数据，这些代表数据要能反映这个范围内数据的测试结果。

（4）划分原则

1）在输入条件规定的取值范围或值的个数的情况下，可以确定一个有效等价类和两个无效等价类。

2）在规定了输入数据的一组值中（假定有 n 个值），并且程序要对每个输入值分别处理的情况下，可以确定 n 个有效等价类和一个无效等价类。

3）在规定输入数据必须遵守规则的情况下，可以确定一个有效等价类和若干个无效等价类。

4）在输入条件规定了输入值的集合或规定了"必须如何"的条件下，可以确定一个有效等价类和一个无效等价类。

5）在确定已划分的等价类中，各元素在程序处理中的方式不同的情况下，应将该等价类进一步地划分为更小的等价类。

（5）划分方法

1）按区间划分。

2）按数值划分。

3）按数值集合划分。

4）按限制条件或规划划分。

5）按处理方式划分。

（6）分类

1）有效等价类划分。有效等价类可以是一个，也可以是多个，根据系统的输入域划分若干部分，然后从每个部分中选取少数有代表性的数据当作数据测试的测试用例，利用有效等价类可以检验程序是否实现了规格说明预先规定的功能和性能。有效等价类是输入域的集合。

典型的有效等价类数据集如下。

- 终端用户输入的命令；
- 与最终用户交互的系统提示；
- 接受相关用户文件的名称；

- 提供格式化输出数据的命令；
- 在图形模式（如鼠标点击时）提供的数据；
- 失败时显示的回应消息。

小贴士

> 注意：有效等价类中的任何一个测试用例都能代表同一等价类中的其他测试用例，即从某一个等价类中任意选出一个测试用例，若未能发现程序的缺陷，就可以合理地认为使用程序中的其他测试用例也不会发现程序的缺陷。

2）无效等价类划分。与有效等价类类似，利用无效等价类，可以找出程序异常说明情况，检查程序的功能和性能的实现是否有不符合规格说明要求的地方。

典型的无效等价类数据集如下。

- 在一个不正确的地方提供适当的值；
- 验证边界值；
- 验证外部边界值；
- 用户输入的命令；
- 最终用户与系统交互的提示。

小贴士

> 注意：无效等价类中的每一个等价类至少要用一个测试用例，否则有可能漏掉某一类错误。

3. 边界值方式

（1）定义

边界值方式其实就是测试程序的各种边界值，是等价类方式的推广，可以视为有效等价类和无效等价类之间的分界点或边界值（最小值、最大值）。两种方式可结合使用，以便更好地满足程序的测试需求。

（2）适用场景

有数据输入的地方，在实际工作中一般和等价类方式一起使用。

（3）测试思想

边界值是程序员在编程时最容易出错的位置，所以要重点测试。

（4）测试用例原则

1）如果输入条件规定了值的范围，则应取刚达到这个范围的边界值，以及刚刚超出这个范围边界的值作为测试输入数据。

2）如果输入条件规定了值的个数，则用最大个数、最小个数、比最小个数小1的数、比最大个数多1的数作为测试数据。

3）如果程序的规格说明给出的输入域或输出域是有序集合，则应选取集合的第一个元素和最后一个元素作为测试用例。

4）如果程序中使用了一个内部数据结构，则应选择这个内部数据结构边界上的值作为测试用例。

对字符、数值范围、空间的边界值确定思路及测试用例设计思路见表2-3。

表2-3　边界值确定思路及测试用例设计思路

项目	边界值确定思路	测试用例设计思路
字符	起始 -1 个字符 / 结束 +1 个字符	假设允许输入 1 到 255 个字符，输入 1 个和 255 个字符作为有效等价类；输入 0 个和 256 个字符作为无效等价类
数值范围	开始位 -1/ 结束位 +1	输入值为 1 ~ 999，最小值为 1，最大值为 999，则 0、1 000 刚好在边界值附近。采用边界值方式，要测试 4 个数据：0、1、999、1 000
空间	比零空间小一点 / 比满空间大一点	如测试数据的储存，应使用比剩余磁盘空间大一点的文件作为测试的边界值条件

另外，边值分析不仅要考虑输入的边值，也要考虑输出的边值。

4. 判定表方式

判定表方式是最为严格、最具有逻辑性的测试方法，适合于解决多个逻辑条件的组合。可将各种逻辑的组合罗列出来，避免遗漏。

判定表包括条件桩、条件项、动作桩、动作项四个主要元素。

- 条件桩：列出所有条件，无关次序。
- 条件项：列出所对应条件的所有可能情况下的取值。
- 动作桩：列出可能采取的操作，无关次序。

- 动作项：列出条件项各种取值情况下采取的操作。

判定表的设计步骤如下。

- 列出所有条件桩和动作桩；

- 填入条件项；

- 填入动作项，完成初始判定表；

- 简化、合并相似规则或者动作。

5. 因果图方式

（1）介绍

因果图是一种简化的逻辑图，能够表示输入条件和输出结果之间的关系。

等价类方式和边界值方式都着重考虑输入条件，如果程序输入之间关系不大，采用等价类方式和边界值方式是一种比较有效的方法。如果输入之间有关系，例如，约束关系、组合关系，这时采用等价类方式或边界值方式是很难描述的，测试效果难以保证，因此必须考虑使用一种适合于描述多种条件的组合，并产生多个相应动作的测试方法，因果图方式正是在此背景下提出的。因果图方式着重测试规格说明中的输入与输出间的依赖关系，可以按一定步骤选择一组高效的测试用例，同时还能指出程序描述中存在什么问题。

一般在使用因果图编写测试用例时，不一定能把所有情况考虑进去，所以在使用因果图后，可以通过判定表方式来确定最终的测试用例。

（2）测试用例设计步骤

1）确定软件规格（需求）中的原因和结果。

2）确定原因和结果之间的逻辑关系。

3）确定因果图中的各个约束。

4）画出因果图并转换为判定表。

5）根据判定表设计测试用例。

二、测试用例编写要求及选择准则

1. 测试用例编写要求

应规范测试用例编写的格式，提高测试用例的可读性、可执行性和合理性。

（1）用例模块划分规范要求

1）产品、功能点在同一层级的结构按同一维度来划分。如应用、同等级产品、同等级功能点等。

2）产品、功能点划分不允许以"回归""自动化"等测试阶段或测试方法命名。

3）主干用例库中，已废弃的产品、功能点需要删除。

4）主干用例库中，如果产品、功能点是迁移过来的，命名格式需要修改为标准格式。

（2）用例颗粒度划分规范

用例的颗粒度是指用例的粒度大小，即用例所描述的功能的复杂程度和细节程度。用例颗粒度是测试用例是执行的最小实体。编写测试用例的颗粒度要求如下。

1）如果一个功能中的所有流程都正常，编写一个测试用例。

2）如果一个功能中有多个异常流程，应分开编写多个测试用例。

3）同一功能不同入口，可合并编写一个测试用例。

4）同一功能不同数据准备，应分开编写多个测试用例。

5）同一个功能用例的自动化用例和功能用例要匹配，若自动化用例不能完全覆盖功能用例，自动化用例和功能用例应拆分成两个互补测试用例。

（3）用例编写要求规范

1）具有清晰的用例名称、前置条件、操作步骤和预期结果。

①用例名称：

- 常用结构是"主、谓、宾"；

- 名称简洁易懂，不要包括具体操作步骤。

②前置条件：

- 不可将其他用例作为前置条件，前置条件需要用语言描述清楚；

- 内容完整，包括入口、账号类型、账号权限、数据准备等。

③操作步骤：

- 描述清晰、准确；

- 操作和结果是一一对应的，但操作过程中不要包含对结果的检查；

- 用例描述中不能存在连词、介词，不能出现假设性词汇和二义性语句。

④预期结果：

- 原则上每个用例必须要有预期结果，结果不能为空；

- 结果中只能包含结果，不能有步骤；

- 一个结果有多个检查点时，确保检查点完整；

- 结果涉及页面，需明确页面提示结果、数据变化；

- 结果涉及存储，需明确关键值变化、数据库表格和关键字字段值变化；

- 结果对应不同输入数据有差别时，需分别对应描述。

2）可被他人理解。

3）可被他人执行。

（4）用例维护规范

测试用例编写完成后，应对测试用例进行持续维护。

1）新项目需求变更，应及时对测试用例进行修改。

2）维护期的项目，可根据项目组情况周期性对用例进行维护。

3）所有发现的 bug 和故障，需转化为测试用例。

4）项目发布后的三个工作日内，需将项目用例根据具体情况归入产品功能用例库下。

（5）用例编号规则

1）以"版本.需求一级菜单号.需求二级菜单号.用例排序"为编号规则，如"CS.1.1.1"。

2）以各项目制定的规范为依据。

（6）用例编写标准

1）制定统一的编写模板，并约定模板的使用方法。

2）根据项目实际情况编写测试用例手册。

3）测试用例内容中的步骤应明确，输入输出要素要清晰，并且与需求和缺陷相对应。

4）应严格按照应用需求说明书及测试需求功能分析点进行编写，要求覆盖全部需求功能点。

5）注重用例的可复用性，即在以后相似系统的测试过程中可以重复使用，减少测试设计工作量。

2. 测试用例选择准则

（1）代表性

所选测试用例应能够代表各种合理和不合理的、合法和非法的、边界和越界的，以及极限的输入数据、操作方法和环境设置等。

（2）可判定性

所选测试用例执行结果的正确性是可判定或可评估的。

（3）可再现性

在测试用例不变的情况下，系统对该测试用例的执行结果应当是相同的。

培训课程 2

测试环境搭建

学习单元 1 区块链系统及应用测试环境的搭建

一、区块链系统搭建方法

不同区块链软件系统的安装基础环境见表2-4。

表2-4 不同区块链软件系统的安装基础环境

软件名称	版本号	备注
Caliper	0.4.0	该版本相对稳定
Node.js	10.x	版本号必须以10开头
Go	1.15+	必须大于1.15版本
npm	6.14.4	node自带
Docker	20.x	版本号必须大于20
docker-compose	1.22	版本号必须大于1.22
g++	4.8.5	各发行版自带
GNU Make	4.2.1	各发行版自带
node-gyp	无	直接通过npm下载即可

其中，g++和GNU Make可通过系统自带的工具进行在线安装。

1. Caliper 部署

以CentOS操作系统为例，部署目录设为/opt/local/caliper：

```
$ cd /opt/local/caliper
$ git clone https://github.com/hyperledger/caliper-
```

benchmarks.git

```
$ git checkout v0.4.0
```

初始化，并安装组件：

```
$ cd caliper-benchmarks
$ npm init -y
$ npm install --only=prod @hyperledger/caliper-cli@0.4.0
$ npx caliper bind --caliper-bind-sut fabric:2.1.0
```

因 Caliper 尚未发布正式版，其各版本之间差异较大，实际操作中以官方最新发布的文档为标准。

2. Docker 安装

可以使用官方安装脚本自动安装 Docker。安装命令如下：

```
$ curl -fsSL https://get.docker.com | bash -s docker --mirror Aliyun
```

也可以使用 daocloud 命令一键安装：

```
$ curl -sSL https://get.daocloud.io/docker | sh
```

3. 二进制和 Docker 镜像

（1）下载：

https://download.docker.com/linux/static/stable/x86_64/docker−20.10.7.tgz

（2）解压：

```
$ tar xzvf docker-20.10.7.tgz
```

（3）复制二进制文件到 /usr/bin 目录下：

```
$ cp docker/* /usr/bin/
```

（4）检查是否安装：

```
$ docker version
```

```
Client: Docker Engine - Community
 Version:           20.10.7
 API version:       1.41
 Go version:        go1.13.15
 Git commit:        f0df350
 Built:             Wed Jun  2 11:58:10 2021
```

OS/Arch:	linux/amd64
Context:	default
Experimental:	true

4. 执行转账合约测试

（1）链码安装

以 Fabric 工具为例，在启动 first-netwok 项目后，在终端执行：

```
$ docker exec -it cli bash
```

登录 CLI 容器，设置环境变量：

```
$ export set FABRIC_CFG_PATH=/opt/hyperledger/peer
$ export set CORE_PEER_LOCALMSPID=Org1MSP
$ export set \
CORE_PEER_MSPCONFIGPATH=/opt/hyperledger/fabricconfig/
crypto-config/peerOrganizations/org1.example.com/users/
Admin@org1.example.com/msp
 $ export set CORE_PEER_ADDRESS=peer0.org1.example.
com:7051
```

执行 peer 命令：

```
$ peer chaincode install -n ${ccName} -v ${ccVersion} -p
${ccPath} -l ${ccType}
```

其中：ccPath 是相对 $GOPATH/src 的路径；ccType 为链码的编程语言，默认为 Go。

（2）本地链码文件

peer 的 core.yaml 中有一个配置项：peer.fileSystemPath，指定了 peer 保存数据的路径。本地磁盘上的账本文件，其实是一个以 ChaincodeDeploymentSpec 结构进行 proto 编码后的二进制文件。这个文件可以直接拷贝到其他 peer 节点使用。

5. 启动 Fabric 测试网络

以下内容基于 Fabric2.2 编写。定位到 fabric-samples 的 test-network 文件夹：

```
$ cd fabric-samples/test-network
```

执行以下命令启动测试网络，同时创建名为 mychannel 的通道：

```
$ ./network.sh up createChannel
```

注意，这里的 mychannel 通道为系统默认名称，如果想要更改创建的通道名称，需要执行：

```
$ ./network.sh up createChannel -c <新建通道名称>
```

最后执行以下命令安装测试链码：

```
$ ./network.sh deployCC -ccn basic -ccp ../asset-
transfer-basic/chaincode-go -ccl go
```

二、区块链应用测试环境搭建方法

1. 搭建 Hyperledger Fabric 环境

（1）基础环境整理

1）安装 cURL：

```
$ yum install curl
```

安装成功后查看版本：

```
$ curl --version
```

```
  curl 7.64.0 (x86_64-pc-linux-gnu) libcurl/7.64.0
OpenSSL/1.1.1d zlib/1.2.11 libidn2/2.0.5 libpsl/0.20.2
(+libidn2/2.0.5) libssh2/1.8.0 nghttp2/1.36.0 librtmp/2.3
  Release-Date: 2019-02-06
  Protocols: dict file ftp ftps gopher http https imap
imaps ldap ldaps pop3 pop3s rtmp rtsp scp sftp smb smbs
smtp smtps telnet tftp
  Features: AsynchDNS IDN IPv6 Largefile GSS-API Kerberos
SPNEGO NTLM NTLM_WB SSL libz TLS-SRP HTTP2 UnixSockets
HTTPS-proxy PSL
```

2）安装 Docker 和 docker compose，安装成功后查看版本：

```
$ docker -version
```

```
Docker version 20.10.7, build f0df350
```

3）安装 Go，安装成功后查看版本：

```
$ go version
$ go version go1.15.4 linux/amd64
```

4）安装 Node.js。从官网中选择想要的版本，下载安装包即可。下载完成后，上传到服务器目录 /usr/local/soft（可自定义）。

解压安装包，命令如下：

```
$ cd /usr/local/soft
```

```
$ tar zxvf node-v10.20.0-linux-x64.tar.gz
```

移动到安装目录 /usr/local/Nodejs（可自定义）：

```
$ mv node-v10.20.0-linux-x64 /usr/local/Nodejs
```

进入解压目录下的 bin 目录，通过 ls 命令可以看到目录 node 和 npm：

```
$ cd bin && ls
```

测试是否安装成功。将 node 源文件映射到 usr/bin 下的 node 文件：

```
$ ln -s /usr/local/Nodejs/bin/node /usr/bin/node
$ ln -s /usr/local/Nodejs/bin/npm /usr/bin/npm
```

接下来，就可以在任何目录下执行 node 和 npm 命令了：

```
$ node -v
```

```
v10.20.0
```

```
$ npm -v
```

```
v6.14.4
```

（2）Fabric 环境搭建

1）创建放置 Fabric 的项目目录：

```
# $GOPATH 为 Go 的环境变量
$ mkdir -p $GOPATH/src/github.com/hyperledger
```

2）下载 Fabric 源码：

```
# $GOPATH 为 Go 的环境变量
$ cd $GOPATH/src/github.com/hyperledger
$ git clone https://github.com/hyperledger/fabric.git
$ git check out 2.2.0
```

获取 bootstrap.sh 脚本，注意，默认版本：version 为 2.2.0，ca_version 为 1.5.0。执行 bootstrap.sh 下载镜像和二进制文件：

```
$ ./bootstrap.sh
```

执行完毕后 scripts 目录下会多出一个 fabric-samples 目录，同时会在终端输出已拉取的镜像。在终端通过 docker images 也可以看到所有镜像。

3）启动 test-network 测试网络：

```
$ cd
```

```
$ GOPATH/src/github.com/hyperledger/fabric/scripts/
fabric-samples/test-network
$ ./network.sh up
```

如图 2-1 所示，表示启动成功，已启动两个 peer 节点和一个 orderer 节点。

图 2-1　启动成功

查看 Docker 容器，执行：

```
$ docker ps
```

执行命令后，如图 2-2 所示。

图 2-2　查看 Docker 容器

至此，Fabric 测试网络 test-network 部署成功。

2. 搭建 FISCO BCOS 环境

（1）单群组 FISCO BCOS 联盟链的搭建

以搭建单群组 FISCO BCOS 联盟链为例，使用开发部署工具 build_chain.sh 脚本在本地搭建一条 4 节点的 FISCO BCOS 链。

1）下载 build_chain.sh 脚本：

```
$ curl -#LO https://gitee.com/FISCO-BCOS/FISCO-BCOS/raw/
master/tools/build_chain.sh && chmod u+x build_chain.sh
```

2）搭建联盟链：

```
$ bash build_chain.sh -l "127.0.0.1:4" -p 30300,20200,8545
```

命令执行成功会输出：

```
 All completed
  [INFO] Start Port      : 30300 20200 8545[INFO] Server
IP        : 127.0.0.1:4[INFO] Output Dir      : /home/
wxudong/learn/fisco/nodes[INFO] CA Path        : /home/
```

```
wxudong/learn/fisco/nodes/cert/============================
===============================[INFO] Execute the
download_console.sh script in directory named by IP to get
FISCO-BCOS console.
  e.g.  bash /home/wxudong/learn/fisco/nodes/127.0.0.1/
download_console.sh -f==================================
============================[INFO] All completed. Files in
/home/wxudong/learn/fisco/nodes
```

3）启动联盟链：

`$ bash nodes/127.0.0.1/start_all.sh`

4）启动成功日志，启动成功会输出：

```
node1 start successfully
node2 start successfully
node0 start successfully
node3 start successfully
```

（2）配置及使用控制台

1）下载执行配置脚本：

`$ cd ~/fisco && curl -#LO https://gitee.com/FISCO-BCOS/console/raw/master/tools/download_console.sh./download_console.sh`

2）控制台配置。拷贝控制台配置文件：

`$ cp -n console/conf/applicationContext-sample.xml console/conf/applicationContext.xml`

拷贝控制台证书：

`$ cp nodes/127.0.0.1/sdk/* console/conf/`

3）启动控制台：

`$ ./start.sh`

（3）部署调用智能合约

1）部署 HelloWorld 合约。为了方便用户快速体验，HelloWorld 合约已经内置于控制台中，位于控制台目录 contracts/solidity/HelloWorld.sol 下。

2）调用 HelloWorld 合约：

● 查看当前块高；

- 调用 get 接口获取 name 变量；
- 查看当前块高，块高不变，因为 get 接口不更改账本状态；
- 调用 set 设置；
- 再次查看当前块高，块高增加表示已出块，账本状态已更改；
- 调用 get 接口获取 name 变量，检查设置是否生效；
- 退出控制台。

（4）合约编译

控制台提供一个专门的合约编译工具，方便开发者将 solidity 合约文件编译为 java 合约文件。使用该工具，分为两步：

- 将 solidity 合约文件放在 contracts/solidity 目录下；
- 通过运行 sol2java.sh 脚本（需要指定一个 java 的包名）完成编译合约任务。

例如，contracts/solidity 目录下已有 HelloWorld.sol、TableTest.sol、Table.sol 合约，指定包名为 org.com.fisco，命令如下：

```
$ cd ~/fisco/console
$ ./sol2java.sh org.com.fisco
```

运行成功后，将会在 console/contracts/sdk 目录生成 java、abi 和 bin 目录。java 目录下生成了 org/com/fisco/ 包路径目录，包路径目录下将会生成 java 合约文件。

学习单元 2　自动化测试工具的配置

本教程以 Caliper 为例进行讲解。在安装 Caliper 的文件夹下创建 3 个文件夹：

```
$ mkdir networks
$ mkdir benchmarks
$ mkdir workload
```

在 networks 文件夹下创建一个名为 networkConfig.json 的文件。注意 "pem":"------BEGIN CERTIFICATE-----\n<UNIQUE CONTENT>\n-----END CERTIFICATE-----\n" 中的内容需要根据网络中生成的证书内容来更改，查看方式如下：

```
$ cd fabric-samples/test-network/organizations/
```

peerOrganizations/org1.example.com

　　打开 connection-org1.json，复制以下内容（见图 2-3）替换 networkConfig.json 文件中 "pem"："-----BEGIN CERTIFICATE-----\n<UNIQUE CONTENT>\n-----END CERTIFICATE-----\n" 的内容。

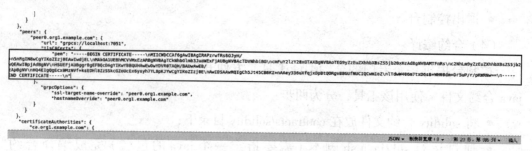

图 2-3　复制内容

　　替换 networkConfig.json 文件中 tlsCACerts 的内容，并保存，如图 2-4 所示。

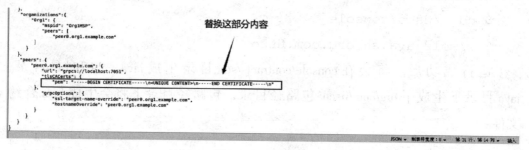

图 2-4　替换内容

　　在 workload 文件夹中，创建一个名为 readAsset.js 的文件，将以下内容复制到 readAsset.js 的文件中并保存：

```
'use strict';
const { WorkloadModuleBase } = require('@hyperledger/
caliper-core');
class MyWorkload extends WorkloadModuleBase {
    constructor() {
        super();
    }
    async initializeWorkloadModule(workerIndex,
totalWorkers, roundIndex, roundArguments, sutAdapter,
sutContext) {
```

```
        await super.initializeWorkloadModule(workerInd
ex, totalWorkers, roundIndex, roundArguments, sutAdapter,
sutContext);
        for (let i=0; i<this.roundArguments.assets; i++) {
            const assetID = `${this.workerIndex}_${i}`;
            console.log(`Worker ${this.workerIndex}:
Creating asset ${assetID}`);
            const request = {
                contractId: this.roundArguments.contractId,
                contractFunction: 'CreateAsset',
                invokerIdentity: 'Admin@org1.example.
com',
                contractArguments: [assetID,'blue','20','
penguin','500'],
                readOnly: false
            };

            await this.sutAdapter.sendRequests(request);
        }
    }
    sync submitTransaction() {
        const randomId = Math.floor(Math.random()*this.
roundArguments.assets);
        const myArgs = {
            contractId: this.roundArguments.contractId,
            contractFunction: 'ReadAsset',
            invokerIdentity: 'Admin@org1.example.com',
             contractArguments: [`${this.workerIndex}_
${randomId}`],
            readOnly: true
        };

        await this.sutAdapter.sendRequests(myArgs);
    }

    async cleanupWorkloadModule() {
        const assetID = `${this.workerIndex}_${i}`;
        console.log(`Worker ${this.workerIndex}: Deleting
asset ${assetID}`);
        const request = {
```

```
                    contractId: this.roundArguments.contractId,
                    contractFunction: 'DeleteAsset',
                    invokerIdentity: 'Admin@org1.example.com',
                    contractArguments: [assetID],
                    readOnly: false
                };

                await this.sutAdapter.sendRequests(request);
            }
        }
    }

    function createWorkloadModule() {
        return new MyWorkload();
    }
    module.exports.createWorkloadModule = createWorkloadModule;
    for (let i=0; i<this.roundArguments.assets; i++) {
        const assetID = `${this.workerIndex}_${i}`;
        console.log(`Worker ${this.workerIndex}: Deleting
asset ${assetID}`);
        const request = {
            contractId: this.roundArguments.contractId,
            contractFunction: 'DeleteAsset',
            invokerIdentity: 'Admin@org1.example.com',
            contractArguments: [assetID],
            readOnly: false
        };

            await this.sutAdapter.sendRequests(request);
            }
        }
    }

    function createWorkloadModule() {
        return new MyWorkload();
    }
    module.exports.createWorkloadModule = createWorkloadModule;
```

在 benchmarks 文件夹下创建一个名为 myAssetBenchmark.yaml 的文件，在 Caliper 根目录下执行：

```
$ npx caliper launch manager --caliper-workspace ./
--caliper-networkconfig networks/networkConfig.json --caliper-
benchconfig benchmarks/myAssetBenchmark.yaml --caliper-flow-
only-test -caliper-fabric-gateway-enabled --caliper-fabric-
gateway-discovery
```

执行结果如图 2-5 所示。

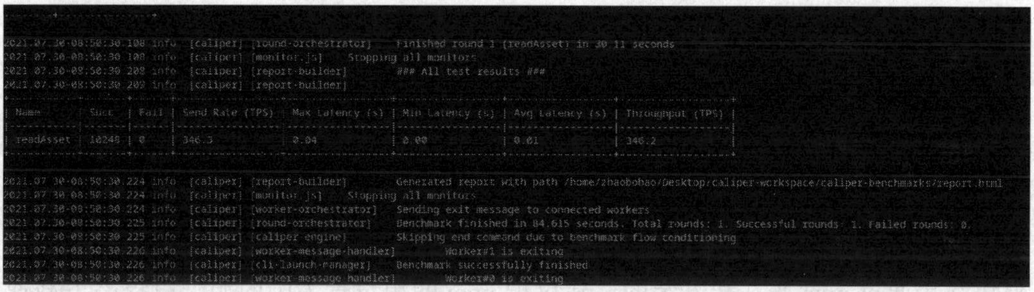

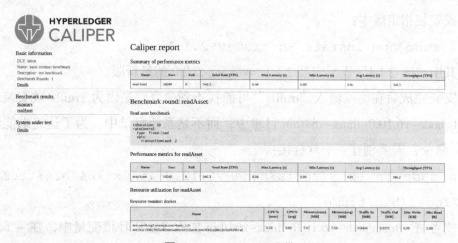

图 2-5　执行结果

测试执行完毕后在 Caliper 根目录下会生成一个 report.html 文件，打开后如图 2-6 所示。

图 2-6　report.html 文件

学习单元 3　Solidity 基本编程

一、Solidity 编程基础

1. Truffle 配置环境及安装

Truffle 是一个智能合约开发框架，利用它可以方便地生成项目模板、编译合约、部署合约到区块链、测试合约等。本学习单元主要介绍 Truffle 的安装（系统环境 Ubuntu16.04 64 位）以及基本使用方法。

（1）安装 Node.js

按照本培训课程学习单元 1 的内容，安装 Node.js。

（2）配置 npm 源

npm（node package manager，节点包管理器）是 Node.js 的包管理器，Node.js 模块都是通过 npm 来在线安装的。建议把 npm 的源设置为国内源，以提高下载速度和安装成功率。

（3）安装 Truffle

通过 npm 安装最新版 Truffle：

```
$ sudo npm install -g truffle
```

或安装指定版本：

```
$ sudo npm install -g truffle@~2.1.1
```

其中"@~2.1.1"表示安装 2.1.1<=version<2.2.0 的最新版。

安装完成后在终端输入"truffle"可能找不到命令，是因为 Truffle 被安装到了 ~/tools/node-v6.10.0-linux-x64/bin 目录中，而不是系统目录中。为了让终端能识别 truffle 命令，需要创建一个软链接：

```
$ sudo ln -s ~/tools/node-v6.10.0-linux-x64/bin/truffle /
usr/local/bin/truffle
```

或者将 ~/tools/node-v6.10.0-linux-x64/bin 加入 PATH 环境变量中，在 ~/.bashrc 文件最后加入以下内容：

```
$ export PATH=$PATH:$HOME/tools/node-v6.10.0-linux-x64/
bin
```

之后再在终端输入"truffle"，就会显示 Truffle 版本和用法。

2. 利用 Truffle 等集成开发环境创建工程

新建一个目录并进入该目录，然后创建项目：

```
$ mkdir myContract && cd myContract
$ truffle init
```

执行 truffle init 后，会在当前目录生成一个项目模板，其中 contracts 存放合约代码，migrations 存放部署合约脚本，test 存放测试脚本，truffle.js 是项目的配置文件。

注：以上是 truffle 2.1.2 生成的项目模板。

3. Solidity 的运用

（1）基础语法

1）pragma 命令。第一行是 pragma 命令，说明源代码是为 Solidity version 0.4.0 及以上版本编写的，但不包括 version 0.6.0 及以上版本。

pragma 命令只对自己的源文件起作用，如果把文件 B 导入到文件 A，文件 B 的 pragma 将不会自动应用于文件 A。

2）uint storedData。此语法声明了一个名为 storedData 的状态变量，类型为 uint，set 和 get 函数可用于修改或检索变量的值。

3）导入文件。Solidity 支持与 JavaScript 非常相似的导入语句，下面的语句可从"filename"导入所有全局符号：

```
import "filename";
```

下面的语句代表创建一个新的全局符号 symbolName，它的成员都来自"filename"：

```
import * as symbolName from "filename";
```

（2）数据类型

在用任何语言编写程序时，都需要使用变量来存储各种信息。变量是内存空间的名称，操作系统根据变量的类型分配内存。Solidity 支持三种类型的变量：

● 状态变量，变量值永久保存在合约存储空间中的变量；

● 局部变量，变量值仅在函数执行过程中有效的变量，函数退出后，变量无效；

● 全局变量，保存在全局命名空间，用于获取区块链相关信息的特殊变量。

 **小贴士**

在为变量命名时，应遵守以下规则。

1. 不应使用 Solidity 保留关键字作为变量名。例如，break 或 boolean，此类变量名无效。

2. 不应以数字开头，必须以字母或下划线开头。例如，123test 是一个无效的变量名，但是 _123test 是一个有效的变量名。

3. 变量名区分大小写。例如，Name 和 name 代表两个不同的变量。

（3）运算符

Solidity 支持以下类型的运算符：

- 算术运算符；
- 比较运算符；
- 逻辑（或关系）运算符；
- 位运算符；
- 赋值运算符；
- 条件（或三元）运算符。

（4）运用 Solidity 完成代码块的封装

Solidity 支持一种非标准的打包模式，即函数选择器不进行编码，长度低于 32 字节，既不会进行补 0 操作，也不会进行符号扩展，动态类型会直接进行编码，且不包含长度信息。

二、代码调试

1. 根据 Solidity 等程序语法规则，独立修正代码语法错误

Solidity 提供了多种用于错误处理的功能。通常发生错误时，状态会恢复为原始状态。以下是错误处理中使用的一些重要方法。

- assert(bool condition)：如果不满足条件，此方法调用将导致无效的操作码，并且对状态所做的任何更改都将被还原。此方法用于处理内部错误。

- require(bool condition)：如果不满足条件，此方法调用将恢复为原始状态。此方法用于处理输入错误或外部组件中的错误。

- require(bool condition,string message)：如果不满足条件，此方法调用将恢复为原始状态。此方法用于处理输入错误或外部组件中的错误，并提供自定义消息选项。

- revert( )：此方法终止运行并撤销状态更改。

- revert(string reason)：此方法终止运行并撤销状态更改，提供自定义消息选项。

2. 根据需求，识别和修正代码逻辑及错误

需求可分为业务需求、用户需求和功能需求，不以实现需求为目标的开发和调试都是无用功。识别和修正代码需要遵循以下原则。

- 未雨绸缪，避开死胡同。

- 适当利用调试工具，但不得利用其代替思考，因为调试工具采用的是一种无规律的调试方法。

- 避免采用试探法。

- 避免只修改错误征兆或错误表象，而不修改错误本身。如果提出的修改不能解释与这个错误有关的全部线索，那就表明只修改了错误的表象。

- 注意修正错误时避免产生其他错误。

- 修改错误的过程应回归到程序设计阶段。

- 修改源代码程序时不要改变目标代码。

3. 通过输入输出调整程序逻辑

在开发和调试过程中，增加输入和输出关键数据，可以帮助开发者快速定位到问题所在，从而有效地调整程序逻辑。

培训课程 3

软件测试

学习单元 1 单元测试

一、单元测试概述

单元测试是指对软件中的最小可测试单元进行检查和验证。单元是人为规定的最小被测功能模块。在 C 语言中，单元指一个函数；在 Java 中，单元指一个类；在图形化软件中，单元可以指一个窗口或一个菜单等。单元测试是在软件开发过程中要进行的较低级别的测试活动

与单元测试密切相关的开发活动包括代码走读（code review）、静态分析（static analysis）和动态分析（dynamic analysis）。静态分析就是对软件的源代码进行研读，查找错误或收集一些度量数据，不需要对代码进行编译和执行。动态分析就是通过观察软件运行时的动作来提供执行跟踪，并进行时间分析，获取测试覆盖度等信息。

执行单元测试，是为了确保代码行为与程序员的期望保持一致。如果只进行临时单元测试，针对代码的测试不完整，测试过的代码覆盖率不超过 70%，未测试的代码可能遗留大量的细小错误，这些错误会互相影响，当 bug 暴露出来的时候将难以调试，会大幅度提高后期测试和维护成本，也降低了开发商的竞争力。所以，进行充分的单元测试，是提高软件质量、降低开发成本的关键。

要进行充分的单元测试，应专门编写测试代码，并与产品代码隔离。比较简单的方法是为产品工程建立对应的测试工程，为每个类建立对应的测试类，为每个函数（很简单的除外）建立测试函数。由于以类作为测试单位，复杂度高，可操作性较差，因此仍然主张以函数作为单元测试的测试单位，但可以用一个测试类来组织某个类的所有测试函数。

二、常见单元测试工具的使用

1. JUnit

JUnit 是一个开发源代码的 Java 测试框架,用于编写和运行可重复的测试,是 Java 社区中知名度较高的单元测试工具。Junit 占用内存较小,但功能非常强大,主要用于白盒测试和回归测试。

(1) JUnit 的优点

JUnit 可以使测试代码与产品代码分开;针对某一个类的测试代码通过较少的改动便可以应用于另一个类的测试;易于集成到测试人员的构建过程中;与 Ant 结合可以实施增量开发;源代码是公开的,可以进行二次开发;方便扩展。

(2) Junit 4.x 的使用

1) 使用 Junit 4.x 版本进行单元测试时,不用测试类继承 TestCase 父类,因为 Junit 4.x 全面引入了 Annotation 来执行测试。

2) Junit 4.x 版本引用了注解的方式进行单元测试,常用注解如下。

- @Before:与 Junit 3.x 中的 setUp( ) 方法功能一样,在每个测试方法之前执行。
- @After:与 Junit 3.x 中的 tearDown( ) 方法功能一样,在每个测试方法之后执行。
- @BeforeClass:在所有方法执行之前执行。
- @AfterClass:在所有方法执行之后执行。
- @Test(timeout=xxx):设置当前测试方法在一定时间内运行完,否则返回错误。
- @Test(expected=Exception.class):设置被测试的方法是否有异常抛出,抛出异常类型为 Exception.class。
- @Ignore:注释掉一个测试方法或一个类,被注释的方法或类不会被执行。

3) Junit 4.x 编写单元测试

①准备。安装 JDK 和文本编辑器。创建一个新文件夹 junit-example,并将 junit-4.xx.jar 下载到此文件夹。

②创建被测类。创建一个新文件 Calculator.java,并将以下代码复制到该文件中:

```java
public class Calculator {
  public int evaluate(String expression) {
    int sum = 0;
    for (String summand: expression.split("\\+"))
```

```
    sum += Integer.valueOf(summand);
    return sum;
  }
}
```

编译这个类：

```
javac Calculator.java
```

使用 Java 编译器创建一个文件 Calculator.class。

③创建测试。创建一个新文件 CalculatorTest.java，并将以下代码复制到该文件中：

```
import static org.junit.Assert.assertEquals;
import org.junit.Test;
public class CalculatorTest {
  @Test
  public void evaluatesExpression() {
 Calculator calculator = new Calculator();
 int sum = calculator.evaluate("1+2+3");
  assertEquals(6, sum);
  }
}
```

编译测试（Linux 系统）：

```
javac -cp .:junit-4.XX.jar:hamcrest-core-1.3.jar
CalculatorTest.java
```

使用 Java 编译器创建一个文件 CalculatorTest.class。

④运行测试。从命令行运行测试（Linux 系统）：

```
javac -cp .:junit-4.XX.jar:hamcrest-core-1.3.jar org.
junit.runner.JUnitCore CalculatorTest
```

输出是：

```
JUnit version 4.12
.
Time: 0,006
OK (1 test)
```

注：符号"."表示已经运行了一个测试；"OK (1 test)"表示测试成功。

2. Caliper

Caliper 提供多个命令来执行不同的任务，具体如下。

（1）绑定命令

获取 Caliper 就像安装单个 NPM 包或拉取单个 Docker 镜像一样简单。但是，这个单点安装需要一个额外的步骤来告诉 Caliper 以哪个平台为目标以及要使用哪个平台的 SDK 版本。此步骤称为 binding（绑定），由 bindCLI 命令提供。

要查看命令的帮助页面，应执行：

```
$ npx caliper bind --help
```

可以为命令设置以下参数。

● SUT/ 平台名称和 SDK 版本：指定要安装的目标平台名称及其 SDK 版本。例如，fabric:1.4.1。

● 工作目录：npm install 必须从中执行命令的目录。默认为当前工作目录。

● 用户参数：传递的附加参数 npm install。例如，--save。

（2）解绑命令

在测试或项目开发期间，不同 SUT SDK 版本之间绑定与解绑的切换，会留下不需要的包，从而导致模糊的错误。为了避免这种情况，CLI 提供了一个 unbind 命令，它的行为与 bind 命令完全一样（甚至使用相同的参数），但不是安装绑定规范中存在的包，而是删除它们，不留下先前绑定的痕迹。

要查看命令的帮助页面，可执行：

```
$ npx caliper unbind --help
```

（3）启动命令

Caliper 通过使用工作进程来生成工作负载，并使用管理器进程来协调工作进程之间的不同基准轮次以运行基准测试。因此，CLI 提供用于启动管理器和工作器进程的命令。

要查看命令的帮助页面，可执行：

```
$ npx caliper launch --helpcaliper launch <subcommand>
```

（4）启动管理器命令

Caliper 管理器进程可以被视为分布式基准测试的入口。它在整个基准测试运行中协调工作进程。

要查看命令的帮助页面，可执行：

```
$ npx caliper launch manager --help
```

如果想在一个步骤中执行绑定和基准测试，该命令还可以处理 bind 命令的参数。但是，该命令需要设置以下参数。

- caliper-workspace：作为项目根目录的目录。其他配置文件或设置中的每个相对路径都将从该目录解析。
- caliper-benchconfig：包含测试轮次配置的文件路径。
- caliper-networkconfig：包含所选 SUT 的网络配置／描述的文件路径。

（5）启动工作器命令

Caliper 工作进程负责在基准运行期间生成工作负载。通常有多个工作进程在运行，由单个管理器进程协调。

要查看命令的帮助页面，可执行：

```
$ npx caliper launch worker --help
```

可见，此命令与启动管理器命令基本相同。

学习单元2 集成测试

一、常见的集成测试方法

集成测试（也叫组装测试，联合测试）是单元测试的逻辑扩展。其最简单的形式是把两个已经测试过的单元组合成一个组件，测试它们之间的接口。组件是指多个单元的集成聚合。在现实方案中，许多单元组合成组件，而这些组件又聚合为程序的更大部分。常见集成测试的方法是测试片段的组合，并最终扩展成进程，将模块与其他组的模块一起测试，最后将构成进程的所有模块一起测试。此外，如果程序由多个进程组成，应该成对测试，而不是同时测试所有进程。一个有效的集成测试有助于解决相关的软件与其他系统的兼容性和可操作性问题。

集成测试是单元测试的逻辑扩展。在现实方案中，集成是指多个单元的聚合，许多单元组合成模块，而这些模块又聚合成程序的更大部分，如分系统或系统。集成测试采用的方法是测试软件单元的组合能否正常工作，以及与其他组的模块能否集成起来工作。最后，还要测试构成系统的所有模块组合能否正常工作。集成测试所持的主要标准是"软件概要设计规格说明"，任何不符合该说明的程序模块行为都应该加以记载并上报。

所有的软件项目都不能跳过系统集成测试这个阶段。不管采用什么开发模式，具体的开发工作都得从一个一个的软件单元做起，软件单元只有经过集成才能形成一个有机的整体。具体的集成过程可能是显性的也可能是隐性的。只要有集成，就会出现一些常见问题，在工程实践中，几乎不存在软件单元组装过程中不出任何问题的情况。集成测试需要花费的时间远远超过单元测试，直接从单元测试过渡到系统测试是极不妥当的做法。

集成测试的实施方案有很多种，如自顶向下集成测试、自底向上集成测试、核心系统集成测试、高频集成测试等。

1. 自顶向下集成测试

自顶向下集成（Top-Down Integration）测试是一种组装软件结构递增的测试方法。是从主控模块（主程序）开始沿控制层向下移动，把模块一一组合起来。该测试分两种方法：

一是先深度，按照结构，用一条主控制路径将所有模块组合起来。

二是先宽度，逐层组合所有下属模块，在每一层水平地沿着控制层移动。

自顶向下集成测试步骤大致如下。

步骤一：用主控模块作为测试驱动程序，其直接下属模块用承接模块代替。

步骤二：根据所选择的集成测试法（先深度或先宽度），每次用实际模块代替下属的承接模块。

步骤三：在组合每个实际模块时进行测试。

步骤四：完成一组测试后再用一个实际模块代替另一个承接模块。

步骤五：可以进行回归测试（即重新做所有的或者部分已做过的测试），以保证不引入新的错误。

2. 自底向上集成测试

自底向上集成（Bottom-Up Integration）测试是较常使用的集成测试方法。自底向上集成测试方式从程序模块结构中最底层的模块开始组装和测试。因为模块是自底向上进行组装的，对于一个给定层次的模块，它的子模块（包括子模块的所有下属模块）事前已经完成组装并经过测试，所以不再需要编制桩模块（一种能模拟真实模块，给待测模块提供调用接口或数据的测试用软件模块）。

自底向上集成测试步骤大致如下。

步骤一：按照软件概要设计规格说明，明确有哪些被测模块。在熟悉被测模块性质的基础上对其进行分层，在同一层次上的测试可以并行，然后排出测试活动的先后关系，制订测试进度计划。

步骤二：在步骤一的基础上，按时间线序关系，将软件单元集成为模块，并测试在集成过程中出现的问题。这里可能需要测试人员开发一些驱动模块来驱动集成活动中形成的被测模块。对于比较大的模块，可以先将其中的几个软件单元集成为子模块，然后再集成为一个较大的模块。

步骤三：将各软件模块集成为子系统（或分系统）。检测各子系统是否能正常工作。同样，这里可能需要测试人员开发少量的驱动模块来驱动被测子系统。

步骤四：将各子系统集成为最终用户系统，测试各分系统能否在最终用户系统中正常工作。

自底向上集成测试的优点是管理方便，测试人员能较好地锁定软件故障所在位置。缺点是对于某些开发模式不适用。

3. 核心系统集成测试

核心系统集成测试是先对核心软件部件进行集成测试，在测试通过的基础上再按各外围软件部件的重要程度逐个集成到核心系统中。每次加入一个外围软件部件都产生一个产品基线，直至最后形成稳定的软件产品。核心系统集成测试对应的集成过程是一个逐渐趋于闭合的螺旋形曲线，代表产品逐步定型的过程。

核心系统集成测试步骤大致如下。

步骤一：对核心系统中的每个模块进行单独的、充分的测试，必要时使用驱动模块和桩模块。

步骤二：将核心系统中的所有模块一次性集合到被测系统中，解决集成中出现的各类问题。在核心系统规模相对较大的情况下，也可以按照自底向上的步骤，集成核心系统的各组成模块。

步骤三：按照各外围软件部件的重要程度以及模块间的相互制约关系，拟定外围软件部件集成到核心系统中的顺序方案。方案经确定后，即可进行外围软件部件的集成。

步骤四：在外围软件部件添加到核心系统以前，外围软件部件应先完成内部的模块集成测试。

步骤五：按顺序不断加入外围软件部件，排除外围软件部件集成中出现的问题，形成最终的用户系统。

核心系统集成测试方法的优点是对于加快软件开发速度很有效果，适合较复杂系统的集成测试，能保证一些重要的功能和服务的实现。缺点是采用此法的系统应能明确区分核心软件部件和外围软件部件，核心软件部件应具有较高的耦合度，外围软件部件内部也应具有较高的耦合度，但各外围软件部件之间应具有较低的耦合度。

4. 高频集成测试

高频集成测试是指同步于软件开发过程，每隔一段时间对开发团队的现有代码进行一次集成测试。例如，某些高频集成测试工具能实现每日深夜对开发团队的现有代码进行一次集成测试，然后将测试结果发到各开发人员的电子邮箱中。该集成测试方法频繁地将新代码加入一个已经稳定的基线中，以免集成故障难以被发现，同时控制可能出现的基线偏差。

使用高频集成测试需要具备一定的条件：可以持续获得一个稳定的增量，并且该增量内部已被验证没有问题；大部分有意义的功能增加可以在一个相对稳定的时间间隔（如每个工作日）内获得；测试包和代码的开发工作必须是并行的，并且需要版本控制工具来保证维护的始终是测试脚本和代码的最新版本；必须借助于自动化工具来完成。高频集成的一个显著特点就是集成次数频繁，显然，人工的方法是不能胜任的。

高频集成测试步骤大致如下。

步骤一：选择集成测试自动化工具。如很多 Java 项目采用 JUnit+Ant 方案来实现集成测试的自动化。

步骤二：设置版本控制工具，以确保集成测试自动化工具所获得的版本是最新版本。如使用 CVS 进行版本控制。

步骤三：测试人员和开发人员负责编写对应程序代码的测试脚本。

步骤四：设置自动化集成测试工具，每隔一段时间对配置管理库新添加的代码进行自动化集成测试，并将测试报告汇报给测试人员和开发人员。

步骤五：测试人员监督代码，开发人员及时关闭不合格项。

步骤三至步骤五不断循环，直至形成最终软件产品。

高频测试的优点是能在开发过程中及时发现代码错误，能直观地看到开发团队的有效工程进度。采用此测试方式时，开发维护源代码与开发维护软件测试包被赋予了同等的重要性，可有效防止错误并及时纠正错误。缺点是测试包有时可能不能暴露深层次的编码错误和图形界面错误。

在现代复杂软件项目集成测试过程中，通常采用核心系统集成测试和高频集成测试相结合的方式。自底向上集成测试方式在采用传统瀑布式开发模式的软件项目集成过程中较为常见。应结合项目的实际工程环境及各测试方式适用的范围进行合理选择。

二、常用集成测试工具

Selenium 是一款常用的集回归测试与集成测试于一体的测试工具，其具备以下几方面的优势。

- 能自动记录用户的操作，生成测试脚本。
- 生成的测试脚本可以用 Selenium Core 手工执行，也能基于 Selenium RC 放入 Java、C#、Ruby 的单元测试用例中自动运行。
- 测试用例调用实际的浏览器来执行测试。和有些开源方案自行实现 Web 解释引擎相比，调用实际浏览器能模拟更多用户交互和 JS 语法，同时还可以测试各浏览器的兼容性。

Selenium 的测试脚本语法较为简单，具体如下。

1. 使用 Selenium IDE 生成脚本

Selenium IDE 是一个 Firefox 1.5 插件，下载后用 Firefox 打开。

工具→Selenium IDE，点击红色的"recorder"按钮开始录制，在网站中随意点击可以即时看到每个动作的脚本。

切换 Format，可显示 HTML、Java、C#、Ruby 语法的脚本。option 里还可以设定 Java 里 Selenium 变量的名称。

2. 测试用例与测试脚本

测试用例在 Selenium IDE → Copy Paste 的流程下。留意 setUp 中的"*iexplore"参数，设定使用 IE 作为测试浏览器；如果设为"*firefox"，就会在 PATH 中查找"*firefox.exe"。

注意：Selenium 使用 IE 时的 Proxy 机制比较特殊，如果同时在本机 ADSL 调制解调器拨号上网，要先断网。

测试脚本中使用 user 作为 Selenium 的变量名，使用例更加易读。Selenium 提供了非常丰富的用户交互函数，但 Selenium RC 里并没有为 Java 单列一个函数参考手册，需要阅读公共的 Selenium References，再使用同名对应的 Java 函数。

3. SpringSide 中的 FunctionalTestCase 基类

SpringSide 中抽象了一个 FunctionalTestCase 基类，抽取了 setUp( ) 和 tearDown( ) 函数中的 selenium-server 开闭操作。其中，浏览器类型默认为"*iexplore"，基本 URL 默认为 http://localhost:8080。用户可以在 selenium.properties 中重新设定 selenium.explorer 和 selenium.baseURL 变量。

学习单元 3　系统测试

一、软件系统测试

软件系统测试是将经过集成测试的软件作为计算机系统的一个部分，与系统中其他部分结合起来，在实际运行环境下对计算机系统进行的一系列严格有效的测试，以发现软件潜在的问题，保证系统正常运行。

1. 测试内容

软件系统测试的内容主要有功能测试和健壮性测试。

（1）功能测试

功能测试即测试软件系统的功能是否正确，其依据是需求文档。正确性决定着软件系统的最终质量，所以功能测试必不可少。

（2）健壮性测试

健壮性测试即测试软件系统在异常情况下正常运行的能力，包括容错能力和恢复能力。

2. 测试分类

软件系统测试可分为恢复测试、安全测试和压力测试。

（1）恢复测试

恢复测试主要关注导致软件运行失败的各种条件，并验证其恢复过程能否正确执行。

（2）安全测试

安全测试用来验证系统内部的保护机制，以防止非法侵入。在安全测试中，测试人员扮演试图侵入系统的角色，采用各种办法试图突破防线。因此系统安全设计的准则是要想方设法使侵入系统所需的代价更高。

（3）压力测试

压力测试是指在正常资源下使用异常的访问量、频率或数据量来执行系统。

3. 测试步骤

软件系统测试包含制订系统测试计划、设计系统测试用例、执行系统测试和缺陷管理与改错四个主要步骤，如图 2-7 所示。

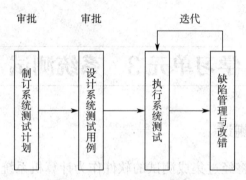

图 2-7　软件系统测试流程图

（1）制订系统测试计划

由系统测试小组各成员共同协商测试计划，测试组长按照指定的模板起草系统测试计划。该计划主要包括测试范围（内容）、测试方法、测试环境与辅助工具、测试完成准则、人员与任务表等内容。

系统测试计划经项目经理审批后，可进入下一步。

（2）设计系统测试用例

1）系统测试小组各成员依据系统测试计划、需求规格说明书、设计原型以及指定测试文档模板，设计（编写）测试需求分析和系统测试用例。

2）测试组长邀请开发人员和同行专家，对系统测试用例进行技术评审。该测试用例通过技术评审后，可进入下一步。

（3）执行系统测试

1）系统测试小组各成员依据系统测试计划和系统测试用例执行系统测试。

2）将测试结果记录在系统测试报告中。

（4）缺陷管理与改错

1）在以上步骤中，任何人发现软件系统中的缺陷时都必须使用指定的"缺陷管理工具"，并及时通报给开发人员。该工具将记录所有缺陷的状态信息，并可以自动生成缺陷管理报告。

2）开发人员及时消除已经发现的缺陷。

3）开发人员消除缺陷之后应马上进行回归测试，以确保不会引入新的缺陷。

4. 测试目标和原则

（1）测试目标

- 确保系统测试的活动是按计划进行的；
- 验证软件产品是否与需求规格说明书不相符合或与之矛盾；
- 建立完善的系统测试缺陷记录跟踪库；
- 确保将软件系统测试活动及结果及时通知给相关小组和个人。

（2）测试原则

- 测试机构要独立；
- 要精心设计系统测试计划，包括负载测试、压力测试、用户界面测试、可用性测试、逆向测试、安装测试和验收测试等；
- 测试要遵从经济性原则。

5. 测试方针

- 为项目指定一个测试工程师负责贯彻和执行系统测试活动；
- 测试组向各事业部总经理/项目经理报告系统测试的执行状况；
- 系统测试活动遵循文档化的标准和流程；
- 向外部用户应当提供经系统测试验收通过的软件系统及技术支持。

二、区块链系统测试

1. 测试概述

（1）测试原则

在区块链系统测试过程中，应遵循下列原则。

1）客观性原则：确切了解系统的技术和业务逻辑，明确测试范围和边界，规避测试风险和约束，客观、公正、独立地记录和总结被测系统的真实情况。

2）保密性原则：对测试过程中获知的客户信息、源代码和相关技术文档以及数据保密，不应利用这些信息进行任何未经授权的活动，测试报告不应扩散给未经授权的第三方。

3）规范性原则：测试应以标准为依据，由具有专业资格的测试人员依照规范的操作流程实施。测试人员应按测试方案的要求，完成测试环境配置、测试代码部署等准备工作，并详细记录操作过程和结果，提供完整的测试报告。

（2）测试体系

区块链系统测试体系包括功能测试、性能测试、安全测试、可靠性测试以及合规性测试。

2. 功能测试

（1）黑盒测试

区块链系统黑盒测试的内容包括但不限于：按照功能视图设计测试用例；采用黑盒测试技术，设计覆盖区块链系统功能的测试用例；从功能实现的正确性、完整性、安全性等方面对区块链系统的全部功能进行质量测试，并将功能测试结果与有关标准中的功能要求比较，评价该区块链系统功能是否符合标准中的指标要求。

（2）白盒测试

区块链系统白盒测试的内容包括但不限于：优先选用自动化测试工具进行静态结构分析；以静态分析的结果作为依据，用检查代码和动态测试等方式对静态分析结果进行进一步确认，提高测试效率及准确性；使用多种覆盖率标准衡量代码的覆盖率。

3. 性能测试

常用的区块链系统性能测试方法有负载测试、并发测试和稳定性测试。

4. 安全测试

区块链系统安全测试的内容包括但不限于：使用安全扫描工具对系统进行扫描操作；对难以实现自动化检测的漏洞进行手工检测，如通过分析或检查源程序的语法、结构、接口等来检查程序的正确性；采用模拟黑客攻击的方式来评估区块链系统的安全性能。

5. 可靠性测试

区块链系统可靠性测试的内容包括但不限于：使用系统不允许用户输入的异常值作为测试输入，测试系统的容错性；在系统中植入故障，测试系统容错性和成熟性；在一定负载下，长时间大容量运行某种业务，测试系统稳定性；在一段时间内持续使用超过系统规格的负载进行测试，测试系统可靠性。

6. 合规性测试

区块链系统合规性测试的内容包括但不限于：收集区块链相关法律、法规、标准和规范，并进行分类，建立合规知识库；梳理知识库文件的控制点，建立合规控制矩阵；根据控制点建立评价指标体系；采用访谈、调查、检查、观察、自动化工具等方法开展合规性测试。

学习单元 4　测试报告集成

本学习单元主要从区块链系统的功能测试、性能测试、安全测试入手，来讲述测试报告的集成。

一、测试结果分析

1. 区块链功能测试结果分析

在对区块链系统进行功能测试时，需要将传统软件部分和区块链部分分开，对软件的所有功能进行记录。同时，测试人员需要分析软件的常用功能，确定用户是否有必要阅读使用手册，执行风险操作是否有提示，操作顺序是否合理等。

2. 区块链性能测试结果分析

测试人员在性能测试分析时要将测试结果与测试目标进行比对，同时分析测试环境和预期环境之间的差异，总结性能测试的结果。

3. 区块链安全测试结果分析

测试人员在分析安全测试结果时需要注意：系统或者区块链是否有超时限制，相关的重要信息是否写进日志，传输信息是否加密，信息是否完整等。

二、测试报告集成

测试报告是测试阶段最后的文档产出物，以文档形式将测试过程和结果展现出来，通过对已发现的问题和缺陷的对比分析，为软件的质量管理提供依据，同时为软件验收和交付打下基础。

一般来说，测试报告按不同的维度有不同的集成方式，最常见的有：按照代码可见程度集成，按照软件测试内容集成，按照项目周期集成。

以测试内容集成为例，列举三种测试用例如下。

1. 功能测试用例（见表2-5）

表2-5　功能测试用例

测试名称	区块链系统数据上链	测试编号	CS-001
测试人员	××	测试类型	黑盒
测试时间	2021.1.1	测试地点	某办公室
测试功能	功能预期	功能实际效果	没通过
进入数据上链页面	页面跳转成功	实际效果与预期效果一致	√
输入上链数据	成功输入姓名、年龄、电话号码等信息	实际效果与预期效果一致	√
点击保存按钮	提示保存成功	实际效果与预期效果一致	√
进入数据浏览页面	页面跳转成功	实际效果与预期效果一致	√
查看刚才添加的数据	没有查看到数据	数据页面没有刚才添加的数据	测试不通过，数据上链失败

2. 性能测试用例（见表2-6）

表2-6　性能测试用例

测试名称	区块链系统数据查询并发测试	测试编号	CSXN-001
测试人员	××	测试类型	黑盒
测试时间	2021.1.1	测试地点	某办公室
测试功能	功能预期	功能实际效果	通过
启动性能测试工具	进入测试工具	实际效果与预期效果一致	√
输入性能测试接口	输入成功	实际效果与预期效果一致	√
设置并发访问人数为100	设置人数成功	实际效果与预期效果一致	√
点击开始测试按钮	开始测试并等待测试结束	实际效果与预期效果一致	√
查看测试结果	进入测试软件生成的测试报告中	测试结果低于预期最大时间上限	√

3. 安全测试用例（见表 2-7）

表 2-7　安全测试用例

测试名称	区块链系统数据安全测试	测试编号	CSAQ-001
测试人员	××	测试类型	黑盒
测试时间	2021.1.1	测试地点	某办公室
测试功能	功能预期	功能实际效果	通过
手动关闭一台节点，模拟节点被黑客攻击时的场景	关闭节点成功	实际效果与预期效果一致	√
进入数据上链页面	页面跳转成功	实际效果与预期效果一致	√
输入上链数据	成功输入姓名、年龄、电话号码等信息	实际效果与预期效果一致	√
点击保存按钮	提示保存成功	实际效果与预期效果一致	√
进入数据浏览页面	页面跳转成功	实际效果与预期效果一致	√
查看刚才添加的数据	查看到添加后的数据	实际效果与预期效果一致，说明关闭少量节点并不影响系统安全	√

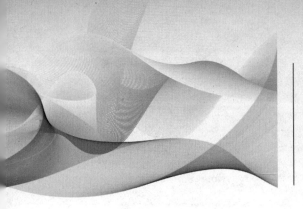

职业模块 ③
区块链应用操作

培训课程 1　应用监控

　　学习单元 1　应用监控和分类归档

　　学习单元 2　使用 WeBASE 监控应用

培训课程 2　应用业务操作

培训课程　1

应用监控

学习单元 1　应用监控和分类归档

一、基本概念与案例

应用监控是指根据业务需要监控业务交易情况。与应用监控相关的交易数据包括用户账户、智能合约参数等。用户账户是根据用户公私钥对中的公钥计算得到的，智能合约参数在用户提交交易时提供。这些信息都会被记录在区块链上。

本教程以账户智能合约为例，以文件名为 Account.sol 的智能合约代码进行讲解，完整代码见表 3-1（为便于阅读增加了代码行号）。

表 3-1　账户智能合约代码

代码行号	代码
1	`pragma solidity >=0.4.24 < 0.6.11;`
2	
3	`contract Account {`
4	`address _owner;`
5	
6	`mapping(address => uint256) balance;`
7	
8	`event Transfer(address _from, address _to, uint256 amount);`
9	`event Deposit(address account, uint256 amount);`

代码行号	代码
10	event WithDrawal(address account, uint256 amount);
11	
12	function getBalance(address account) public constant returns (uint256)
13	{
14	if (tx.origin == _owner) {
15	return balance[account];
16	}
17	}
18	
19	function getBalance() public constant returns (uint256)
20	{
21	return balance[tx.origin];
22	}
23	
24	
25	function deposit(address account, uint256 amount) public returns (bool)
26	{
27	bool _result = false;
28	if (tx.origin == _owner) {
29	uint256 _rest = balance[account];
30	balance[account] = _rest + amount;
31	_result = true;
32	emit Deposit(account, amount);
33	}
34	return _result;
35	}
36	
37	function withdrawal(address account, uint256 amount) public returns (bool)
38	{

续表

代码行号	代码
39	`bool _result = false;`
40	`if (tx.origin == _owner) {`
41	`uint256 _rest = balance[account];`
42	`if (_rest <= amount) {`
43	`balance[account] = _rest - amount;`
44	`_result = true;`
45	`emit WithDrawal(account, amount);`
46	`}`
47	`}`
48	`return _result;`
49	`}`
50	
51	
52	`function transfer(address _to, uint256 amount) public returns (bool)`
53	`{`
54	`bool _result = false;`
55	`uint256 _rest = balance[tx.origin];`
56	`if (amount <= _rest) {`
57	`balance[tx.origin] = _rest - amount;`
58	`balance[_to] += amount;`
59	`_result = true;`
60	`emit Transfer(tx.origin, _to, amount);`
61	`}`
62	`return _result;`
63	`}`
64	
65	`constructor() public {`
66	`_owner = tx.origin;`
67	`}`
68	`}`

1. 智能合约地址

合约部署时，区块链会返回智能合约地址。以使用控制台部署账户智能合约为例，智能合约地址为"0xbc7fa7eeed94aafad658fd51fe2da843c7fa12aa"。

2. 启动控制台

执行以下命令：

```
$ ./start.sh 1 -pem accounts/0x15f6d84315bea7cb7929bd375
afac88fbab18b0a.pem
```

3. 部署合约

```
[group:1]> deploy Account
    transaction hash: 0x72df79351587c31513248f1b043d47cbbe
306362c84c8b70704463ecc1be0c78
    contract address: 0xbc7fa7eeed94aafad658fd51fe2da843c7
fa12aa
    currentAccount: 0x15f6d84315bea7cb7929bd375afac88fbab1
8b0a
```

注意：如果启动控制台时不指定私钥，控制台会随机生成一个私钥和账户。与业务相关的数据通常与账户有关，因此使用控制台时一定要指定私钥，记录自己的数据。

4. 函数选择器

智能合约内定义的每个方法都有一个函数选择器用来标识该方法。计算规则是对函数名称和参数类型列表采用 keccak256 哈希函数计算得到哈希值，然后取哈希值的前 32 位。Account 智能合约定义的方法有：

```
    function getBalance(address account) public constant
returns (uint256);
    function getBalance() public constant returns
(uint256);
    function deposit(address account, uint256 amount)
public returns (bool);
    function withdrawal(address account, uint256 amount)
public returns (bool);
    function transfer(address _to, uint256 amount) public
returns (bool);
```

其中，转账方法的定义为"transfer(address _to, uint256 amount)"。计算"transfer (address,uint256)"的哈希值得到 a9059cbb2ab09eb219583f4a59a5d0623ade346d962bc d4e46b11da047c9049b（十六进制表示，每个字符为占二进制 4 位），取前 32 位得到十六进制 a9059cbb，即该函数的函数选择器。账户智能合约完整的函数选择器见表 3-2。

表 3-2　账户智能合约函数选择器

函数	选择器
getBalance(address account)	f8b2cb4f
getBalance( )	12065fe0
deposit(address account, uint256 amount)	47e7ef24
withdrawal(address account, uint256 amount)	5a6b26ba
transfer(address _to, uint256 amount)	a9059cbb

5. 交易输入参数

交易输入参数是指用户调用智能合约的函数所提供的函数名以及参数值。这部分内容通过特定的格式组装在一起，成为交易的输入参数。

输入的组装规则是"函数选择器 + 多个参数的值十六进制格式字符"。其中，每个整数型、布尔型占 256 位，不够 256 位前面补 0；每个字符串占 256 位，不够 256 位后面补 0。

6. 交易数据格式

一笔交易的数据转换成 JSON 格式后输出如下。

```
"transactions": [
    {
        "blockHash": "0xd60df572e3486c58f3bfec08cd2fbb3
1cb945f1d6d61e31663c2f2018e8b651a",
        "blockLimit": "0x20d",
        "blockNumber": "0x1a",
        "chainId": "0x1",
        "extraData": "0x",
```

```
        "from": "0x15f6d84315bea7cb7929bd375afac88fbab1
8b0a",
        "gas": "0x419ce0",
        "gasPrice": "0x51f4d5c00",
        "groupId": "0x1",
        "hash": "0x117df84af64048fe32dc10b898efc9fdf835
f5953254f4513665068f548d3f2e",
        "input": "0xa9059cbb000000000000000000000001ba
73140e4c323745c9b3b18f147103bd89b13950000000000000000000000000
00000000000000000000000000000000000000000009c66",
        "nonce": "0x333037b250386ec599c5cd2af84eb3fb6c3
27648d5ef2e0f82ecda260b9d4a5",
        "signature": {
        "r": "0x90eb973493ee73d5582bf099a5e85e209426
a4d14d9721c3da958216bf7b52c3",
        "s": "0x052b1f21b0fac545c49262220d17783c89af
b82b316599295ed2e3e7d3508370",
        "signature": "0x90eb973493ee73d5582bf099a5e8
5e209426a4d14d9721c3da958216bf7b52c3052b1f21b0fac545c4926
2220d17783c89afb82b316599295ed2e3e7d350837001",
        "v": "0x1"
        },
        "to": "0xbc7fa7eeed94aafad658fd51fe2da843c7fa12aa",
        "transactionIndex": "0x0",
        "value": "0x0"
    }
]
```

交易数据属性及其类型、含义见表3-3。

表 3-3 交易数据属性及其类型、含义

属性	类型	含义
blockHash	string	包含该交易的区块哈希值
blockLimit	string	交易的冻结限制，用于交易防重
chainId	string	交易所在的链 ID
extraData	string	交易内的扩展数据
groupId	string	交易所在的群组 ID
blockNumber	string	交易的区块编号
from	string	发送者的地址
hash	string	交易哈希值
input	string	交易的输入
nonce	string	交易的临时值
signature	复合类型	交易签名，包含"r""s""v"以及序列化的交易签名
to	string	接收者的地址，创建合约交易的该值为 0x0000000000000000000000000000 0000000000000
transactionIndex	string	交易的序号
value	string	转移的值

7. 区块链数据格式

区块链上的数据以区块为单位进行存储，区块链内包含交易数据、智能合约地址、用户账户的信息。区块链数据样例见表 3-4。

表 3-4 区块链数据样例

代码行号	代码
1	`"id": 1,`
2	`"jsonrpc": "2.0",`
3	`"result": {`
4	`"dbHash": "0x78a245dcb783165c6eaa6f5d52ea94a4624ffad1256bc97ff2d6ea0b5e79266f",`
5	`"extraData": [],`
6	`"gasLimit": "0x0",`
7	`"gasUsed": "0x0",`

代码行号	代码
8	"hash": "0xd60df572e3486c58f3bfec08cd2fbb31cb945f1d6d61e31663c2f2018e8b651a",
9	"logsBloom": "0x00",
10	"number": "0x1a",
11	"parentHash": "0x03ad1fc6c7d0dd834222ea8bf5f08e7e95563665299478dd08cad61a69fbcf4f",
12	"receiptsRoot": "0x9b9438b165a1320b67085c4c5c68406fffe17bfd867bb134500c21b87865e4e0",
13	"sealer": "0x1",
14	"sealerList": [
15	
16	"433384a6847a8e52610335fe2f9ae3422d6a2b6da95c35a0cf016be20d76930b29b303016e23dae91c6073b9d2749781e1ad23e8e8634660d50c28764a28978b",
17	
18	"44f9f80034ef609b4c4ba7f0510f205e1169d131f88ec112d7ac7020e98d0527a349084d87ad4ae04ca90637547682840b5edae3949c308f713b5fad4a38dc61",
19	
20	"e532400003d030fb87b4da58b6ba75cadb701c0d4355e916ec56757d9bfa33cc3ae9811056a20dab5b17e4977cdaea61d2def5786b908f22c488f3a60d5a625c",
21	
22	"e59d3d8ae6a9dc372be0765a4f6665a79d0cec0c4bc8635e0179407600196862676851e1393af164a10063ff8a8f009b11ecf2bbac619cee96490768b75ad322"
23	],
24	"signatureList": [

续表

代码行号	代码
25	{
26	"index": "0x2",
27	"signature": "0x87a890d73ba36e563eedf83d94ca5 73d1e962480612df5571e0151db74312d211be17e3db3849f4f7174edde9e f38abdadccffce3d52d07cea6468705fb7478900"
28	},
29	{
30	"index": "0x1",
31	"signature": "0xdc256e0f8dac3a71b053909214c17 eeb744faefecab117ca91cb6214b42b05e04a4ecb0a9e2bb8a9677a45f8bf 93289c98f3d161f65910cbd94d93ae179c73f701"
32	},
33	{
34	"index": "0x3",
35	"signature": "0xc6ec6650326e8aa4feec9fbf4a270 6b3f2c2723c6f222a0125f837f8aef1f41c27746fa80902b4df4a6fbdd582 640393c593bbae011461cddd902888529a47e301"
36	}
37	],
38	"stateRoot": "0x78a245dcb783165c6eaa6f5d52ea94a4624ffa d1256bc97ff2d6ea0b5e79266f",
39	"timestamp": "0x17b1582cc9b",
40	"transactions": [
41	{
42	"blockHash": "0xd60df572e3486c58f3bfec08cd2fb b31cb945f1d6d61e31663c2f2018e8b651a",
43	"blockLimit": "0x20d",
44	"blockNumber": "0x1a",
45	"chainId": "0x1",
46	"extraData": "0x",
47	"from": "0x15f6d84315bea7cb7929bd375afac88fba b18b0a",
48	"gas": "0x419ce0",

续表

代码行号	代码
49	"gasPrice": "0x51f4d5c00",
50	"groupId": "0x1",
51	"hash": "0x117df84af64048fe32dc10b898efc9fdf835f5953254f4513665068f548d3f2e",
52	"input": "0xa9059cbb000000000000000000000000001ba73140e4c323745c9b3b18f147103bd89b13950000000000000000000000000000000000000000000000000000000000009c66",
53	"nonce": "0x333037b250386ec599c5cd2af84eb3fb6c327648d5ef2e0f82ecda260b9d4a5",
54	"signature": {
55	"r": "0x90eb973493ee73d5582bf099a5e85e209426a4d14d9721c3da958216bf7b52c3",
56	"s": "0x052b1f21b0fac545c49262220d17783c89afb82b316599295ed2e3e7d3508370",
57	"signature": "0x90eb973493ee73d5582bf099a5e85e209426a4d14d9721c3da958216bf7b52c3052b1f21b0fac545c49262220d17783c89afb82b316599295ed2e3e7d350837001",
58	"v": "0x1"
59	},
60	"to": "0xbc7fa7eeed94aafad658fd51fe2da843c7fa12aa",
61	"transactionIndex": "0x0",
62	"value": "0x0"
63	}
64	],
65	"transactionsRoot": "0x7efe2b249b7620befb50beebb3b180396c462f4b42375c2ef45efaf9fe288d39"
66	}
67	}

　　表 3-4 中，第 8 行显示的是该区块的哈希值，第 10 行的 "0x1a" 是该区块序号的十六进制形式表示。

　　区块的序号从 1 开始，每生成一个新的区块，区块序号加 1，最大区块的大小可以使用函数 getBlockNumber 在控制台计算或者使用 RPC 接口查询得到。可以根据区块的序号查询区块链数据。

　　根据合约地址、交易发起人以及交易内容可以确认调用合约的具体内容。以表 3–4 中的区块链数据为例，根据第 47、52 和 60 行的数据，可以确定账号为 0x15f6d84315bea7cb7929bd375afac88fbab18b0a 的用户，调用了地址为 0xbc7fa7eeed94aafad658fd51fe2da843c7fa12aa 的智能合约，交易输入为"0xa9059cbb0000000000000000000000001ba73140e4c323745c9b3b18f147103bd89b139500000000000000000000000000000000000000000000000000000000000009c66"。

二、案例

　　某书店为了鼓励读者消费，推出购书积分活动。读者在书店消费后书店奖励给读者一定额度的积分，积分可以在读者之间相互流转。读者可以使用自己的积分折算成现金用来购书，读者需要将自己的积分转给书店。假设书店使用账户智能合约用来记录积分，用 10 个账户来模拟积分业务，见表 3–5。

表 3–5　账户列表

序号	账户	角色
1	0x15f6d84315bea7cb7929bd375afac88fbab18b0a	书店管理员
2	0x1ba73140e4c323745c9b3b18f147103bd89b1395	读者 1
3	0x21d5141d0765714fa066a3287cd1ff03da5d4be4	读者 2
4	0x31100667259f11bfaed4f8a5c9143aada2e42874	读者 3
5	0x3802ad34a4b44239256320d1c53613b8c2184f97	读者 4
6	0x525176453b4d8b315be5d48f6f36b34cd70c154e	读者 5
7	0x6e8f174debea758743fbd123daebff0ef6859110	读者 6
8	0x71857113502dd8fdf108fcab6042d87c798968c4	读者 7
9	0x91d2752857d9a80fb713d9de69d71e167992da2f	读者 8
10	0xd91bd83020b20553fd2ae745a6d50bc13c0ddca7	读者 9

　　该合约由书店管理员部署，合约地址是"0xbc7fa7eeed94aafad658fd51fe2da843c7fa12aa"，监控脚本文件名为"extract.sh"。

1. 记录监控前数据

　　当前区块序号为 16 进制 282。可以在 Excel 中使用 HEX2DEC 函数计算其十进制值是 642。

可以在控制台使用 call 命令调用账户智能合约 getBalance，查到各账户积分余额。业务发生前账户余额见表 3-6。

表 3-6　业务发生前账户余额

账户	余额
0x15f6d84315bea7cb7929bd375afac88fbab18b0a	1 400 070
0x1ba73140e4c323745c9b3b18f147103bd89b1395	84 617
0x21d5141d0765714fa066a3287cd1ff03da5d4be4	44 346
0x31100667259f11bfaed4f8a5c9143aada2e42874	59 584
0x3802ad34a4b44239256320d1c53613b8c2184f97	99 910
0x525176453b4d8b315be5d48f6f36b34cd70c154e	43 625
0x6e8f174debea758743fbd123daebff0ef6859110	44 663
0x71857113502dd8fdf108fcab6042d87c798968c4	50 928
0x91d2752857d9a80fb713d9de69d71e167992da2f	31 961
0xd91bd83020b20553fd2ae745a6d50bc13c0ddca7	40 296

2. 记录监控后数据

经过一段时间运行之后再次查询区块序号为十六进制 476，对应十进制值是 1142，这段时间共生产了 500 个区块（642+1 到 1142）。可以再次查询各账户余额并记录。业务发生后账户余额见表 3-7。

表 3-7　业务发生后账户余额

账户	余额
0x15f6d84315bea7cb7929bd375afac88fbab18b0a	1 400 070
0x1ba73140e4c323745c9b3b18f147103bd89b1395	86 925
0x21d5141d0765714fa066a3287cd1ff03da5d4be4	37 436
0x31100667259f11bfaed4f8a5c9143aada2e42874	48 732
0x3802ad34a4b44239256320d1c53613b8c2184f97	112 071
0x525176453b4d8b315be5d48f6f36b34cd70c154e	53 603
0x6e8f174debea758743fbd123daebff0ef6859110	45 384
0x71857113502dd8fdf108fcab6042d87c798968c4	58 891
0x91d2752857d9a80fb713d9de69d71e167992da2f	44 424
0xd91bd83020b20553fd2ae745a6d50bc13c0ddca7	12 464

3. 提取区块链数据

提取区块链数据的方法有多种，可以使用控制台、WeBASE、SDK 编写程序等。这里通过 JSON-RPC 接口的方式提取。

使用区块脚本 extract.sh，将区块链数据提取出来保存为 JSON 格式的文件：

```
$ ./extract.sh 643 500
```

命令执行完成后，在当前目录下为每个区块保存一个 JSON 文件。

4. 制作监控报表

交易的 to 属性等于 0xbc7fa7eeed94aafad658fd51fe2da843c7fa12aa 的数据为书店积分智能合约；input 属性前 8 个字符等于 a9059cbb 时为积分转账交易；积分转账的转出账户是 from 属性中对应的字符；转账目的是 input 属性中的第 33 ~ 72 个字符（共 40 个）；转出的积分数额是 input 属性中的最后 64 个字符。转账交易数据如图 3-1 所示。

```
"transactions": [
    {
        "blockHash": "0x82ba67511bb8b410b83b2c3988ba5283a4e595ee956a310f6a68ab181a0952c5",
        "blockLimit": "0x20a",
        "blockNumber": "0x17",
        "chainId": "0x1",
        "extraData": "0x",
        "from": "0x15f6d84315bea7cb7929bd375afac88fbab18b0a",
        "gas": "0x419ce0",
        "gasPrice": "0x51f4d5c00",
        "groupId": "0x1",
        "hash": "0x5c09810fc54b4fd467e7905dedcda494e952fafa9d778f1192596eb0e83f4af0",
        "input": "0xa9059cbb00000000000000000000000091d2752857d9a80fb713d9de69d71e167992da2f00000000",
        "nonce": "0x88637bc8f3905534d1c91d2c14e1cb752ee3921d41fef67136c03c1103e5e9",
        "signature": {
            "r": "0x2a0fb4aa8d221a2696eb83b5796ede2a4deda28728abc97be1228f579c4d512a",
            "s": "0x189a9f281d0d4cf5242dde058dfbbaa1cba4693ccc0bd8c8d3c7b6eb9fdf1078",
            "signature": "0x2a0fb4aa8d221a2696eb83b5796ede2a4deda28728abc97be1228f579c4d512a189a9f28",
            "v": "0x1"
        },
        "to": "0xbc7fa7eeed94aafad658fd51fe2da843c7fa12aa",
        "transactionIndex": "0x0",
        "value": "0x0"
    }
],
```

图 3-1　转账交易数据

转账积分额度在 input 属性的最后，如图 3-2 所示。

```
49    000000000000000000000000000000000000000000000000000000000007cd9"
```

图 3-2　转账积分额度参数

提取区块链数据后，可从相应数据出发，编制成交易监控报表。交易监控报表（部分数据）见表3-8。

表3-8　交易监控报表（部分数据）

From	To	额度	区块序号
0x1ba73140e4c323745c9b3b18f147103bd89b1395	0x21d5141d0765714fa066a3287cd1ff03da5d4be4	324	283
0x91d2752857d9a80fb713d9de69d71e167992da2f	0x1ba73140e4c323745c9b3b18f147103bd89b1395	1629	284
0x1ba73140e4c323745c9b3b18f147103bd89b1395	0x1ba73140e4c323745c9b3b18f147103bd89b1395	154	285
0x1ba73140e4c323745c9b3b18f147103bd89b1395	0x71857113502dd8fdf108fcab6042d87c798968c4	166	286
0x525176453b4d8b315be5d48f6f36b34cd70c154e	0x21d5141d0765714fa066a3287cd1ff03da5d4be4	26A	287
0x6e8f174debea758743fbd123daebff0ef6859110	0x6e8f174debea758743fbd123daebff0ef6859110	53	288
0x6e8f174debea758743fbd123daebff0ef6859110	0x91d2752857d9a80fb713d9de69d71e167992da2f	267	289
0x21d5141d0765714fa066a3287cd1ff03da5d4be4	0x31100667259f11bfaed4f8a5c9143aada2e42874	1EA	28A
0x6e8f174debea758743fbd123daebff0ef6859110	0x71857113502dd8fdf108fcab6042d87c798968c4	196	28B
0x91d2752857d9a80fb713d9de69d71e167992da2f	0x525176453b4d8b315be5d48f6f36b34cd70c154e	2B7	28C
0x1ba73140e4c323745c9b3b18f147103bd89b1395	0x71857113502dd8fdf108fcab6042d87c798968c4	1C4	28D
0x6e8f174debea758743fbd123daebff0ef6859110	0x3802ad34a4b44239256320d1c53613b8c2184f97	1B3	28E
0x31100667259f11bfaed4f8a5c9143aada2e42874	0x31100667259f11bfaed4f8a5c9143aada2e42874	21D	28F
0x1ba73140e4c323745c9b3b18f147103bd89b1395	0x6e8f174debea758743fbd123daebff0ef6859110	79	290
0x71857113502dd8fdf108fcab6042d87c798968c4	0x1ba73140e4c323745c9b3b18f147103bd89b1395	37E	291
0x71857113502dd8fdf108fcab6042d87c798968c4	0xd91bd83020b20553fd2ae745a6d50bc13c0ddca7	1EB	292

续表

From	To	额度	区块序号
0x91d2752857d9a80fb713d9de69d71e167992da2f	0xd91bd83020b20553fd2ae745a6d50bc13c0ddca7	15C	293
0xd91bd83020b20553fd2ae745a6d50bc13c0ddca7	0x3802ad34a4b44239256320d1c53613b8c2184f97	33A	294
0x1ba73140e4c323745c9b3b18f147103bd89b1395	0xd91bd83020b20553fd2ae745a6d50bc13c0ddca7	268	295
0x525176453b4d8b315be5d48f6f36b34cd70c154e	0xd91bd83020b20553fd2ae745a6d50bc13c0ddca7	394	296
0x21d5141d0765714fa066a3287cd1ff03da5d4be4	0x71857113502dd8fdf108fcab6042d87c798968c4	7A	297
0x21d5141d0765714fa066a3287cd1ff03da5d4be4	0x3802ad34a4b44239256320d1c53613b8c2184f97	12D	298
0x1ba73140e4c323745c9b3b18f147103bd89b1395	0x91d2752857d9a80fb713d9de69d71e167992da2f	32E	299
0x91d2752857d9a80fb713d9de69d71e167992da2f	0x71857113502dd8fdf108fcab6042d87c798968c4	1CF	29A
0x91d2752857d9a80fb713d9de69d71e167992da2f	0xd91bd83020b20553fd2ae745a6d50bc13c0ddca7	1D	29B
0xd91bd83020b20553fd2ae745a6d50bc13c0ddca7	0x6e8f174debea758743fbd123daebff0ef6859110	1F	29C
0xd91bd83020b20553fd2ae745a6d50bc13c0ddca7	0x71857113502dd8fdf108fcab6042d87c798968c4	EE	29D
0xd91bd83020b20553fd2ae745a6d50bc13c0ddca7	0x31100667259f11bfaed4f8a5c9143aada2e42874	3D	29E
0x31100667259f11bfaed4f8a5c9143aada2e42874	0x91d2752857d9a80fb713d9de69d71e167992da2f	142	29F
0x21d5141d0765714fa066a3287cd1ff03da5d4be4	0x21d5141d0765714fa066a3287cd1ff03da5d4be4	30	2A0
0x525176453b4d8b315be5d48f6f36b34cd70c154e	0x91d2752857d9a80fb713d9de69d71e167992da2f	2C2	2A1
0x1ba73140e4c323745c9b3b18f147103bd89b1395	0x71857113502dd8fdf108fcab6042d87c798968c4	F3	2A2

From	To	额度	区块序号
0xd91bd83020b20553fd2ae745a6d50bc13c0ddca7	0x31100667259f11bfaed4f8a5c9143aada2e42874	17D	2A3
0x71857113502dd8fdf108fcab6042d87c798968c4	0x31100667259f11bfaed4f8a5c9143aada2e42874	15D	2A4
0x91d2752857d9a80fb713d9de69d71e167992da2f	0x71857113502dd8fdf108fcab6042d87c798968c4	312	2A5

注：额度与区块序号均为十六进制格式。

有了交易数据后，可以根据监控的需要编制不同的报表。以监控一个特定账户为例，编制该账户的监控交易流水。

5. 监控特定账户积分

假设账户0x3802ad34a4b44239256320d1c53613b8c2184f97是某个需要重点关注的读者的账户，需要监控该账户的积分变化情况。

（1）转出积分交易

从账户0x3802ad34a4b44239256320d1c53613b8c2184f97转出的积分必须是经该账户对应的私钥签名的交易，根据表3-9交易数据的属性，from字段的值必须是0x3802ad34a4b44239256320d1c53613b8c2184f97。

表3-9 转出积分的交易数据

From	To	额度	区块序号
0x3802ad34a4b44239256320d1c53613b8c2184f97	0xd91bd83020b20553fd2ae745a6d50bc13c0ddca7	210	2C6
0x3802ad34a4b44239256320d1c53613b8c2184f97	0x21d5141d0765714fa066a3287cd1ff03da5d4be4	F0	2D0
0x3802ad34a4b44239256320d1c53613b8c2184f97	0x71857113502dd8fdf108fcab6042d87c798968c4	1F8	2D3
0x3802ad34a4b44239256320d1c53613b8c2184f97	0x71857113502dd8fdf108fcab6042d87c798968c4	1D2	2D9
0x3802ad34a4b44239256320d1c53613b8c2184f97	0x31100667259f11bfaed4f8a5c9143aada2e42874	55	2DB
0x3802ad34a4b44239256320d1c53613b8c2184f97	0x525176453b4d8b315be5d48f6f36b34cd70c154e	179	2E9

续表

From	To	额度	区块序号
0x3802ad34a4b44239256320d1c53613b8c2184f97	0x1ba73140e4c323745c9b3b18f147103bd89b1395	393	2FF
0x3802ad34a4b44239256320d1c53613b8c2184f97	0x91d2752857d9a80fb713d9de69d71e167992da2f	3D1	300
0x3802ad34a4b44239256320d1c53613b8c2184f97	0x3802ad34a4b44239256320d1c53613b8c2184f97	5B	301
0x3802ad34a4b44239256320d1c53613b8c2184f97	0x31100667259f11bfaed4f8a5c9143aada2e42874	89	305
0x3802ad34a4b44239256320d1c53613b8c2184f97	0x91d2752857d9a80fb713d9de69d71e167992da2f	3DA	30D
0x3802ad34a4b44239256320d1c53613b8c2184f97	0x31100667259f11bfaed4f8a5c9143aada2e42874	251	314
0x3802ad34a4b44239256320d1c53613b8c2184f97	0x1ba73140e4c323745c9b3b18f147103bd89b1395	3AE	31F
0x3802ad34a4b44239256320d1c53613b8c2184f97	0x525176453b4d8b315be5d48f6f36b34cd70c154e	369	321
0x3802ad34a4b44239256320d1c53613b8c2184f97	0x21d5141d0765714fa066a3287cd1ff03da5d4be4	1E	327
0x3802ad34a4b44239256320d1c53613b8c2184f97	0x31100667259f11bfaed4f8a5c9143aada2e42874	397	32A
0x3802ad34a4b44239256320d1c53613b8c2184f97	0x31100667259f11bfaed4f8a5c9143aada2e42874	156	32D
0x3802ad34a4b44239256320d1c53613b8c2184f97	0x31100667259f11bfaed4f8a5c9143aada2e42874	318	333
0x3802ad34a4b44239256320d1c53613b8c2184f97	0x6e8f174debea758743fbd123daebff0ef6859110	202	336
0x3802ad34a4b44239256320d1c53613b8c2184f97	0x525176453b4d8b315be5d48f6f36b34cd70c154e	DF	337
0x3802ad34a4b44239256320d1c53613b8c2184f97	0xd91bd83020b20553fd2ae745a6d50bc13c0ddca7	133	34B
0x3802ad34a4b44239256320d1c53613b8c2184f97	0x91d2752857d9a80fb713d9de69d71e167992da2f	302	356

续表

From	To	额度	区块序号
0x3802ad34a4b44239256320d1c53613b8c2184f97	0x31100667259f11bfaed4f8a5c9143aada2e42874	22B	358
0x3802ad34a4b44239256320d1c53613b8c2184f97	0xd91bd83020b20553fd2ae745a6d50bc13c0ddca7	16D	35B
0x3802ad34a4b44239256320d1c53613b8c2184f97	0x31100667259f11bfaed4f8a5c9143aada2e42874	44	35D
0x3802ad34a4b44239256320d1c53613b8c2184f97	0x71857113502dd8fdf108fcab6042d87c798968c4	94	364
0x3802ad34a4b44239256320d1c53613b8c2184f97	0x1ba73140e4c323745c9b3b18f147103bd89b1395	3E1	372
0x3802ad34a4b44239256320d1c53613b8c2184f97	0x6e8f174debea758743fbd123daebff0ef6859110	3BD	375
0x3802ad34a4b44239256320d1c53613b8c2184f97	0x1ba73140e4c323745c9b3b18f147103bd89b1395	2C8	377
0x3802ad34a4b44239256320d1c53613b8c2184f97	0x525176453b4d8b315be5d48f6f36b34cd70c154e	C5	37F
0x3802ad34a4b44239256320d1c53613b8c2184f97	0x71857113502dd8fdf108fcab6042d87c798968c4	2AE	3C7
0x3802ad34a4b44239256320d1c53613b8c2184f97	0x525176453b4d8b315be5d48f6f36b34cd70c154e	2D9	3CC
0x3802ad34a4b44239256320d1c53613b8c2184f97	0x31100667259f11bfaed4f8a5c9143aada2e42874	353	3E4
0x3802ad34a4b44239256320d1c53613b8c2184f97	0x6e8f174debea758743fbd123daebff0ef6859110	1B9	3E6
0x3802ad34a4b44239256320d1c53613b8c2184f97	0xd91bd83020b20553fd2ae745a6d50bc13c0ddca7	375	3F2
0x3802ad34a4b44239256320d1c53613b8c2184f97	0x3802ad34a4b44239256320d1c53613b8c2184f97	34B	3F6
0x3802ad34a4b44239256320d1c53613b8c2184f97	0x525176453b4d8b315be5d48f6f36b34cd70c154e	20D	3FB
0x3802ad34a4b44239256320d1c53613b8c2184f97	0x31100667259f11bfaed4f8a5c9143aada2e42874	1A7	3FF

续表

From	To	额度	区块序号
0x3802ad34a4b44239256320d1c53613b8c2184f97	0x21d5141d0765714fa066a3287cd1ff03da5d4be4	24E	404
0x3802ad34a4b44239256320d1c53613b8c2184f97	0x525176453b4d8b315be5d48f6f36b34cd70c154e	177	406
0x3802ad34a4b44239256320d1c53613b8c2184f97	0x21d5141d0765714fa066a3287cd1ff03da5d4be4	21C	40F
0x3802ad34a4b44239256320d1c53613b8c2184f97	0x21d5141d0765714fa066a3287cd1ff03da5d4be4	182	413
0x3802ad34a4b44239256320d1c53613b8c2184f97	0x91d2752857d9a80fb713d9de69d71e167992da2f	B3	427
0x3802ad34a4b44239256320d1c53613b8c2184f97	0x3802ad34a4b44239256320d1c53613b8c2184f97	2F4	432
0x3802ad34a4b44239256320d1c53613b8c2184f97	0x21d5141d0765714fa066a3287cd1ff03da5d4be4	263	43F
0x3802ad34a4b44239256320d1c53613b8c2184f97	0x3802ad34a4b44239256320d1c53613b8c2184f97	30E	440
0x3802ad34a4b44239256320d1c53613b8c2184f97	0x6e8f174debea758743fbd123daebff0ef6859110	EB	446
0x3802ad34a4b44239256320d1c53613b8c2184f97	0x31100667259f11bfaed4f8a5c9143aada2e42874	115	457
0x3802ad34a4b44239256320d1c53613b8c2184f97	0x91d2752857d9a80fb713d9de69d71e167992da2f	3B2	458
0x3802ad34a4b44239256320d1c53613b8c2184f97	0x1ba73140e4c323745c9b3b18f147103bd89b1395	85	45A
0x3802ad34a4b44239256320d1c53613b8c2184f97	0x31100667259f11bfaed4f8a5c9143aada2e42874	306	45E
0x3802ad34a4b44239256320d1c53613b8c2184f97	0x3802ad34a4b44239256320d1c53613b8c2184f97	25C4	470

（2）转入积分交易

可以利用相似方法提取转入该账户的积分。可知 To 值 0x3802ad34a4b44239256320d1c53613b8c2184f97 为转入该账户积分的交易，转入积分的交易数据见表 3-10。

表 3-10　转入积分的交易数据

From	To	额度	区块序号
0x6e8f174debea758743fbd123daebff0ef6859110	0x3802ad34a4b44239256320d1c53613b8c2184f97	1B3	28E
0xd91bd83020b20553fd2ae745a6d50bc13c0ddca7	0x3802ad34a4b44239256320d1c53613b8c2184f97	33A	294
0x21d5141d0765714fa066a3287cd1ff03da5d4be4	0x3802ad34a4b44239256320d1c53613b8c2184f97	12D	298
0x525176453b4d8b315be5d48f6f36b34cd70c154e	0x3802ad34a4b44239256320d1c53613b8c2184f97	316	2AA
0x71857113502dd8fdf108fcab6042d87c798968c4	0x3802ad34a4b44239256320d1c53613b8c2184f97	35D	2AC
0x525176453b4d8b315be5d48f6f36b34cd70c154e	0x3802ad34a4b44239256320d1c53613b8c2184f97	186	2BB
0x71857113502dd8fdf108fcab6042d87c798968c4	0x3802ad34a4b44239256320d1c53613b8c2184f97	39A	2BE
0x71857113502dd8fdf108fcab6042d87c798968c4	0x3802ad34a4b44239256320d1c53613b8c2184f97	386	2C1
0x6e8f174debea758743fbd123daebff0ef6859110	0x3802ad34a4b44239256320d1c53613b8c2184f97	34A	2D1
0xd91bd83020b20553fd2ae745a6d50bc13c0ddca7	0x3802ad34a4b44239256320d1c53613b8c2184f97	3B1	2D2
0x1ba73140e4c323745c9b3b18f147103bd89b1395	0x3802ad34a4b44239256320d1c53613b8c2184f97	239	2D5
0x31100667259f11bfaed4f8a5c9143aada2e42874	0x3802ad34a4b44239256320d1c53613b8c2184f97	2E0	2E0
0xd91bd83020b20553fd2ae745a6d50bc13c0ddca7	0x3802ad34a4b44239256320d1c53613b8c2184f97	9C	2E3
0xd91bd83020b20553fd2ae745a6d50bc13c0ddca7	0x3802ad34a4b44239256320d1c53613b8c2184f97	2DC	2F9
0x3802ad34a4b44239256320d1c53613b8c2184f97	0x3802ad34a4b44239256320d1c53613b8c2184f97	5B	301
0x1ba73140e4c323745c9b3b18f147103bd89b1395	0x3802ad34a4b44239256320d1c53613b8c2184f97	242	302
0x91d2752857d9a80fb713d9de69d71e167992da2f	0x3802ad34a4b44239256320d1c53613b8c2184f97	317	319

From	To	额度	区块序号
0x21d5141d0765714fa066a3287cd1ff03da5d4be4	0x3802ad34a4b44239256320d1c53613b8c2184f97	32	31D
0x31100667259f11bfaed4f8a5c9143aada2e42874	0x3802ad34a4b44239256320d1c53613b8c2184f97	389	330
0x31100667259f11bfaed4f8a5c9143aada2e42874	0x3802ad34a4b44239256320d1c53613b8c2184f97	109	33E
0xd91bd83020b20553fd2ae745a6d50bc13c0ddca7	0x3802ad34a4b44239256320d1c53613b8c2184f97	38D	35C
0x31100667259f11bfaed4f8a5c9143aada2e42874	0x3802ad34a4b44239256320d1c53613b8c2184f97	2FF	393
0x1ba73140e4c323745c9b3b18f147103bd89b1395	0x3802ad34a4b44239256320d1c53613b8c2184f97	49	39A
0x525176453b4d8b315be5d48f6f36b34cd70c154e	0x3802ad34a4b44239256320d1c53613b8c2184f97	E6	39D
0xd91bd83020b20553fd2ae745a6d50bc13c0ddca7	0x3802ad34a4b44239256320d1c53613b8c2184f97	214	39E
0xd91bd83020b20553fd2ae745a6d50bc13c0ddca7	0x3802ad34a4b44239256320d1c53613b8c2184f97	3AA	39F
0x91d2752857d9a80fb713d9de69d71e167992da2f	0x3802ad34a4b44239256320d1c53613b8c2184f97	320	3A1
0x21d5141d0765714fa066a3287cd1ff03da5d4be4	0x3802ad34a4b44239256320d1c53613b8c2184f97	16A	3A6
0x1ba73140e4c323745c9b3b18f147103bd89b1395	0x3802ad34a4b44239256320d1c53613b8c2184f97	218	3AD
0xd91bd83020b20553fd2ae745a6d50bc13c0ddca7	0x3802ad34a4b44239256320d1c53613b8c2184f97	1EC	3AE
0x6e8f174debea758743fbd123daebff0ef6859110	0x3802ad34a4b44239256320d1c53613b8c2184f97	B4	3B8
0x91d2752857d9a80fb713d9de69d71e167992da2f	0x3802ad34a4b44239256320d1c53613b8c2184f97	38A	3B9
0xd91bd83020b20553fd2ae745a6d50bc13c0ddca7	0x3802ad34a4b44239256320d1c53613b8c2184f97	33A	3CE
0x1ba73140e4c323745c9b3b18f147103bd89b1395	0x3802ad34a4b44239256320d1c53613b8c2184f97	37E	3F3
0x3802ad34a4b44239256320d1c53613b8c2184f97	0x3802ad34a4b44239256320d1c53613b8c2184f97	34B	3F6

From	To	额度	区块序号
0x31100667259f11bfaed4f8a5c9143aada2e42874	0x3802ad34a4b44239256320d1c53613b8c2184f97	121	3F9
0x71857113502dd8fdf108fcab6042d87c798968c4	0x3802ad34a4b44239256320d1c53613b8c2184f97	2CC	412
0x31100667259f11bfaed4f8a5c9143aada2e42874	0x3802ad34a4b44239256320d1c53613b8c2184f97	3BF	429
0x31100667259f11bfaed4f8a5c9143aada2e42874	0x3802ad34a4b44239256320d1c53613b8c2184f97	1C8	42A
0x3802ad34a4b44239256320d1c53613b8c2184f97	0x3802ad34a4b44239256320d1c53613b8c2184f97	2F4	432
0x3802ad34a4b44239256320d1c53613b8c2184f97	0x3802ad34a4b44239256320d1c53613b8c2184f97	30E	440
0x6e8f174debea758743fbd123daebff0ef6859110	0x3802ad34a4b44239256320d1c53613b8c2184f97	75	449
0x6e8f174debea758743fbd123daebff0ef6859110	0x3802ad34a4b44239256320d1c53613b8c2184f97	21A	44B
0x21d5141d0765714fa066a3287cd1ff03da5d4be4	0x3802ad34a4b44239256320d1c53613b8c2184f97	3C3	44D
0x21d5141d0765714fa066a3287cd1ff03da5d4be4	0x3802ad34a4b44239256320d1c53613b8c2184f97	207	451
0x1ba73140e4c323745c9b3b18f147103bd89b1395	0x3802ad34a4b44239256320d1c53613b8c2184f97	2B9	452
0x6e8f174debea758743fbd123daebff0ef6859110	0x3802ad34a4b44239256320d1c53613b8c2184f97	30E	456
0x1ba73140e4c323745c9b3b18f147103bd89b1395	0x3802ad34a4b44239256320d1c53613b8c2184f97	181	45D
0x21d5141d0765714fa066a3287cd1ff03da5d4be4	0x3802ad34a4b44239256320d1c53613b8c2184f97	25A	463
0x71857113502dd8fdf108fcab6042d87c798968c4	0x3802ad34a4b44239256320d1c53613b8c2184f97	25F	465
0x3802ad34a4b44239256320d1c53613b8c2184f97	0x3802ad34a4b44239256320d1c53613b8c2184f97	25C4	470
0x21d5141d0765714fa066a3287cd1ff03da5d4be4	0x3802ad34a4b44239256320d1c53613b8c2184f97	23E7	476

由此，可以监控区块序号 643 到 1142 内所有与该账户有关的转账交易。

三、使用脚本监控应用

支持 JSON-RPC 通信，可以使用脚本调用 RPC 接口达到监控的目的。默认情况下，RPC 只支持本地通信，即必须在所运行的节点上使用脚本监控。在脚本中通过调用 curl 命令，与节点进行 RPC 通信，以达到监控的目的。所支持的接口和对应用法可以在官方网站查询。下面以提取区块的脚本为例介绍具体用法，见表 3-11。

表 3-11　使用脚本监控应用示例

代码行号	代码
1	`#!/bin/bash`
2	
3	`if [ -z $2 ];then`
4	`    echo "用法错误。需要输入 2 个参数："`
5	`    echo "第一个参数：开始区块序号"`
6	`    echo "第二个参数：提取区块数量"`
7	`    echo "请重新执行。"`
8	`    exit`
9	`fi`
10	
11	`i=$1`
12	``max_num=`expr $1 + $2` ``
13	`while [ $i -lt $max_num ]`
14	`do`
15	``    hex_id=`printf "0x%x" $i` ``
16	`    ((i++))`
17	`    echo "提取区块：${blockId} 数据 ..."`
18	`    curl -X POST --data '{"jsonrpc":"2.0","method":"getBlockByNumber","params":[1,"${hex_id}",true],"id":1}' http://127.0.0.1:8545 > ${hex_id}.json`
19	`done`
20	`exit`

第 1 行，表示指定该脚本是 bash 脚本；第 3 ~ 8 行，表示检查执行脚本时的输入参数；第 11 行，表示第 1 个参数为开始提取的区块序号；第 12 行，表示要提取的区块数量为第 2 个参数；第 13 ~ 19 行，表示通过循环提取区块链数据，其中第 15 行是将序号转换成十六进制格式，第 18 行表示执行 curl 命令并将结果存入文件。

学习单元 2　使用 WeBASE 监控应用

一、WeBASE 相关概念

WeBASE（WeBank Blockchain Application Software Extension）是在区块链应用和 FISCO-BCOS 节点之间搭建的一套通用组件。WeBASE 围绕交易、合约、密钥管理、数据管理、可视化管理来设计各个模块，本学习单元将用到节点前置服务（WeBASE-Front）、签名服务（WeBASE-Sign）、节点管理服务（WeBASE-Node-Manager）、WeBASE 管理平台（WeBASE-Web）四个子系统。

二、使用 WeBASE 实施监控

部署 WeBASE 系统，使用浏览器打开 WeBASE-Front 页面和 WeBASE-Web 页面。注意区分，WeBASE-Front 页面为深蓝背景色，WeBASE-Web 页面为白色背景色。

1. 监控区块信息

进入 WeBASE-Front 首页，在搜索框中输入块高，查看区块内容。如图 3-3 所示，输入块高 5，查看高度为 5 的区块。

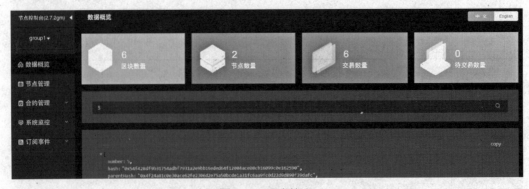

图 3-3　搜索块高

区块高度为 5 的内容如图 3-4 所示。

```
number: 5,
hash: "0x54f428df9b31754adbf7931a2e9bb16eded64f12004ace08cb16099c0e162590",
parentHash: "0x4f24a81c0e30ace62fe2306d2e75a50bcde1a31fc6aa9fc0d22d9d890f39dafc",
logsBloom: "0x0000000000000000000000000000000000000000000000000000000000000000000000000000000000000000000000000000000000000000000000000000000000000000000000000000000000000000000000000000000000000000000000000000000000000000000000000000000000000000000000000000000000000000000000000000000000000000000000000000000000000000000000000000000000000000000000000000000000000000",
transactionsRoot: "0x8761d5838415168f827efc6a45926949491be44003c5a9abfcec6ff509b8039",
receiptsRoot: "0x302ca7730941b73a6721e4c9c061cac44411951ff87608e04edeb2a9c22bb363",
dbHash: "0x68cfa1bd45b575ec07ef1bb60ef29b056ed5a95130ec2a22fa0ab5ddcb6e3e30",
stateRoot: "0x68cfa1bd45b575ec07ef1bb60ef29b056ed5a95130ec2a22fa0ab5ddcb6e3e30",
sealer: "0x1",
sealerList:
   "cf35c471de212f5144b17ad06502f10ae6456c1f6c81dfc713032717cd5e7999afcff73c9e0f914080426338c423df211b1b1e86e6c49cd422e6c313d9ccb0c1",
   "edda8e84ce7830d482bcb700acf3c12a46f808f00cb5d9e401d2b3f335385a4552b1010455dcf96a7ca98ced6e5749f6de3bed76b36cd71fa3f83edd7bfb23b6"
   ▼ extraData:
   gasLimit: "0",
   gasUsed: "0",
   timestamp: "1622702031938",
   ▼ signatureList:
      ▶ □
      ▶ □
   ▼ transactions:
      ▶ □
```

图 3-4　区块详情

2. 监控交易信息

在 WeBASE-Web 首页中可以点击右下角的交易列表进入搜索页面，输入区块信息中交易列表中其中一个交易的哈希值，如搜索哈希值为 0xf44a0de7457befa74054cecaaf7fafd0c00efcec3aef57b841560c7e3c5e0cd4（示例，不同交易的哈希值不同）的交易。

首页—交易列表如图 3-5 所示。

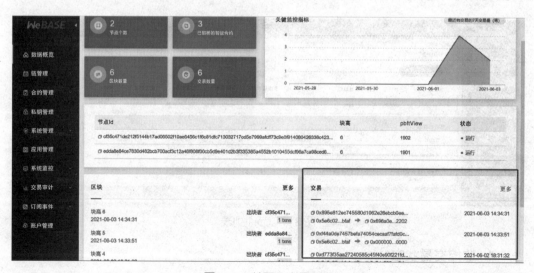

图 3-5　首页—交易列表

搜索得到交易信息，如图 3-6 所示。

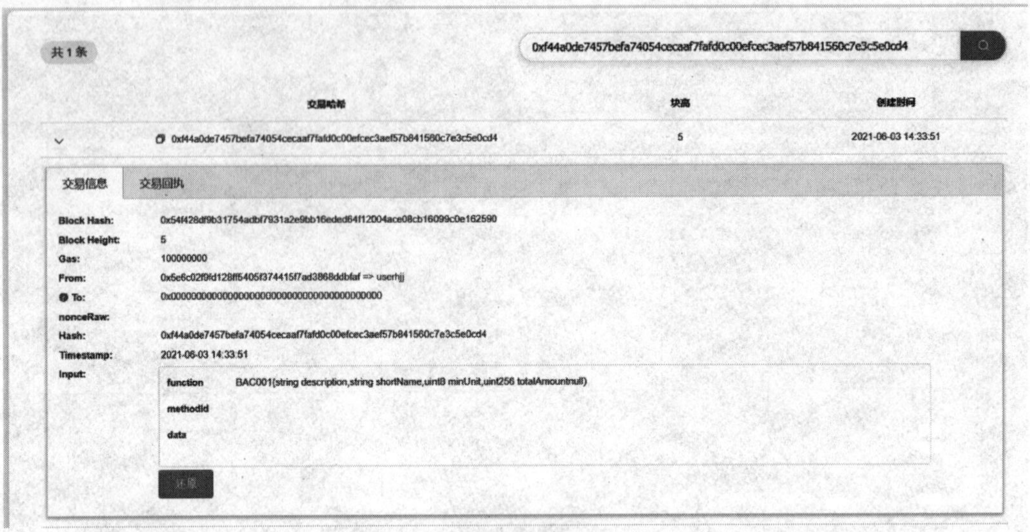

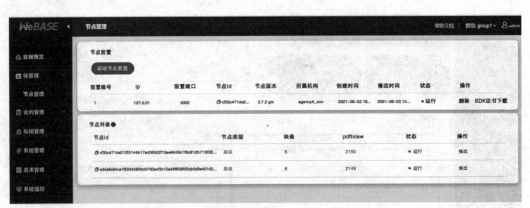

图 3-6　交易信息

3. 监控共识信息

在 WeBASE-Web 首页中进入链管理中的节点管理，可以看到节点前置和节点列表的信息（见图 3-7），根据节点列表来监控区块链系统的共识状态。其中，节点列表中有一列是"状态"，代表该节点当前的共识状态。

若节点出现共识异常，节点列表中对应的块高和 pbftView 值都不变，但节点状态转为"异常"，此时需要检查节点是否异常。如果全部节点都出现异常了，检查区块链网络是否出现共识失败情况。

图 3-7　节点列表

4. 监控交易状态

在区块链系统执行完交易后，会返回一个交易哈希值。可以根据交易哈希值查询对应的交易回执，在回执中查看交易最终执行的结果。如图 3-8 所示，搜索交易哈希值，得到的信息包含交易信息和交易回执。点击交易回执进行查看，可以看到回执中 status 状态值为绿色的"0x0"，代表交易成功。若交易 status 状态值不为 0x0，则代表交易在链上执行失败，如 status 状态为红色的"0x16"，表示交易回滚了。

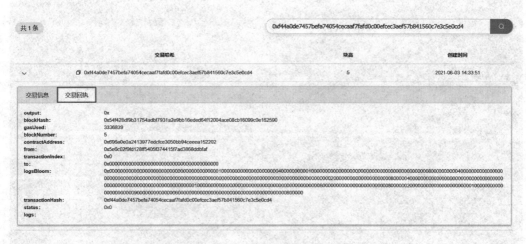

图 3-8　查看交易回执

三、使用 WeBASE 记录监控数据

在 WeBASE-Web 页面或 WeBASE-Front 页面可以查看区块链系统的交易情况。若交易状态出现异常，则记录异常交易相关信息，包括交易哈希值，交易回执的 status（状态）、output（输出）、logs（日志）等信息。

如图 3-9 所示，交易回执的错误状态为红色的 0x16，表示交易回滚。记录该笔异常交易的哈希值，并记录交易的状态值"0x16"，记录交易回执中由区块链系统返回的 message 值"test revert"，以此监控应用的异常情况。

若在页面中查看节点列表，列表部分节点的 status 状态显示红色的"异常"，则表示节点出现共识异常情况，此时需要记录异常节点的 nodeId，到节点对应机器检查节点状态。

如果在区块链系统中异常节点的数量 F 不满足"PBFT 共识算法的 3F+1 个节点仅容错 F 个节点"的条件，将导致区块链系统全部共识异常。区块链系统共识异常将导致提交到链上的交易均会超时或失败。如图 3-10 所示，若节点异常，节点状态变为红色的"异常"。需要记录节点 ID，并记录当前时间，根据此类消息到节点中查询对应的日志错误。

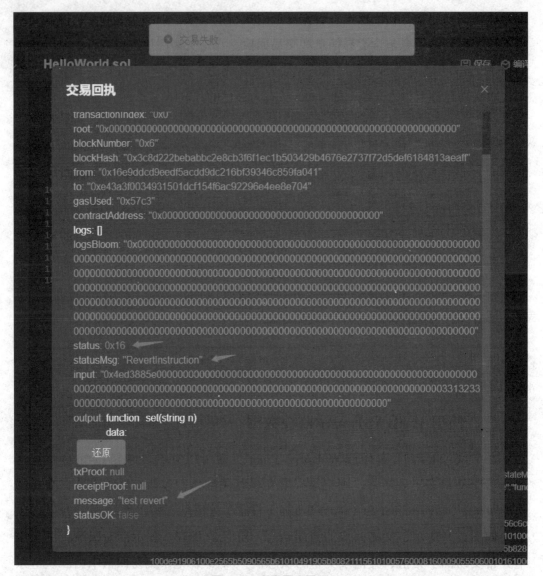

图 3-9 交易异常界面

图 3-10 节点异常界面

当区块链系统需要容错一个节点共识异常时，至少需要 4 个节点（3F+1= 3×1+1=4），图 3-10 所示区块链系统只有两个节点，一个共识节点出现异常时，将导致整个区块链系统出现异常。此时就需要到每个节点查询对应的日志错误。

培训课程　2

应用业务操作

本培训课程将介绍使用控制台对区块链关键信息进行查询的方法。

一、控制台

安装控制台并配置完成后，可以使用安装目录下的控制台脚本 start.sh 启动。启动格式有以下 4 种：

```
$ ./start.sh
$ ./start.sh groupID
$ ./start.sh groupID -pem pemName
$ ./start.sh groupID -p12 p12Name
```

其中，groupID 表示群组编号，-pem 和 -p12 选项指定使用的私钥文件格式和私钥文件。如果不知道私钥文件，控制台可随机生成一个临时私钥文件使用。如果需要通过控制台调用智能合约发起交易，务必使用指定的私钥。

二、账户工具

控制台还提供一个生成公私钥对的脚本 get_account.sh，可以使用该脚本方便地生成公私钥。

使用示例：

```
$ ./get_account.sh
```

```
  [INFO] Account Address   : 0x71857113502dd8fdf108fcab6
042d87c798968c4
  [INFO] Private Key (pem) : accounts/0x71857113502dd8fd
```

```
f108fcab6042d87c798968c4.pem
   [INFO] Public  Key (pem) : accounts/0x71857113502dd8fd
f108fcab6042d87c798968c4.public.pem
```

使用该工具生成的账号和公私钥文件，账号是以"0x"开头的一串十六进制数字；私钥文件以".pem"结尾，公钥文件以".public.pem"结尾，文件名相同，都存放在 accounts 目录下。

三、部署账户智能合约

使用控制台部署账户智能合约，需要先将智能合约文件拷贝到控制台目录下的 contracts/solidity 子目录。然后启动控制台，使用 deploy 命令部署智能合约。

```
[group:1]> deploy Account
   transaction hash: 0x72df79351587c31513248f1b043d47cbbe
306362c84c8b70704463ecc1be0c78
   contract address: 0xbc7fa7eeed94aafad658fd51fe2da843c7
fa12aa
   currentAccount: 0x15f6d84315bea7cb7929bd375afac88fbab1
8b0a
```

四、查询账户积分余额

查询账户积分余额需要使用 call 命令，参数分别是账户合约名称 Account，账户智能合约地址 0xbc7fa7eeed94aafad658fd51fe2da843c7fa12aa，账户函数名称 getBalance 以及要查询的账户。例如，查询 0x1ba73140e4c323745c9b3b18f147103bd89b1395 账户积分余额的命令是：

```
[group:1]> call Account 0xbc7fa7eeed94aafad658fd51fe2d
a843c7fa12aa getBalance 0x1ba73140e4c323745c9b3b18f147103
bd89b1395
   -----------------------------------------------------
-----------------------------------------
   Return code: 0
   description: transaction executed successfully
```

```
Return message: Success
------------------------------------------------------
----------------------------------------
Return value size:1
Return types: (UINT)
Return values:(86925)
```

执行该命令之后，控制台返回该账户的积分余额 86 925。

五、按区块序号查询区块链数据

按区块序号查询区块链数据的命令是 getBlockNumber，该命令没有参数，执行之后返回当前区块序号。

示例如下：

```
[group:1]> getBlockNumber
90
```

六、按区块序号查询区块链数据

根据区块高度查询区块信息的命令为 getBlockByNumber，该命令有一个区块序号的参数，注意该参数需要用十进制表示。

使用示例：

```
[group:1]> getBlockByNumber 1142
{
    transactions=[
        TransactionHash{
value='0xb9bbf4152e162ab32dc560dc7747a6581c81d712fd7225a6
5b0325bb8e770132'
        }
    ],
    number='0x476',
hash='0x9dd4aeae23c77582d2094c994c9297bb2677d83492265bf88
c138c09702c1036',
```

parentHash='0xda29113485f15f90702efbfaf5f36588eeda4989beb0fcb1e6511982d2cda9b2',
logsBloom='0x00',
transactionsRoot='0x025c15bbb4fa4753afca47fee5d3b9d2d51f15fc9e0f9564f909048ad0547f11',

    receiptsRoot='0xe95d3cf5ce9e2e0dafbccb5576c4d9e9cfa79b86872dcf76411863d2e6ff2f62',

    dbHash='0xfea6c5901e59c27f01496673ca27b5bfb99b749f9c4cce7489b23d1b84b03355',
stateRoot='0xfea6c5901e59c27f01496673ca27b5bfb99b749f9c4cce7489b23d1b84b03355',
        sealer='0x1',
        sealerList=[

    433384a6847a8e52610335fe2f9ae3422d6a2b6da95c35a0cf016be20d76930b29b303016e23dae91c6073b9d2749781e1ad23e8e8634660d50c28764a28978b,

44f9f80034ef609b4c4ba7f0510f205e1169d131f88ec112d7ac7020e98d0527a349084d87ad4ae04ca90637547682840b5edae3949c308f713b

```
5fad4a38dc61,

e532400003d030fb87b4da58b6ba75cadb701c0d4355e916ec56757d9
bfa33cc3ae9811056a20dab5b17e4977cdaea61d2def5786b908f22c4
88f3a60d5a625c,
e59d3d8ae6a9dc372be0765a4f6665a79d0cec0c4bc8635e017940760
0196862676851e1393af164a10063ff8a8f009b11ecf2bbac619cee964
90768b75ad322
    ],
    extraData=[

    ],
    gasLimit='0x0',
    gasUsed='0x0',
    timestamp='0x17b2a58acfb',
    signatureList=null
}
```

七、按交易哈希查询交易数据

getBlockByNumber 命令的返回值包含交易哈希。上例中，返回的交易哈希值是 0xb9bbf4152e162ab32dc560dc7747a6581c81d712fd7225a65b0325bb8e770132。可以使用 getTransactionByHash 命令查询交易内容。

```
[group:1]> getTransactionByHash 0xb9bbf4152e162ab32dc5
60dc7747a6581c81d712fd7225a65b0325bb8e770132
    {
blockHash='0x9dd4aeae23c77582d2094c994c9297bb2677d8349226
5bf88c138c09702c1036',
    blockNumber='0x476',
    from='0x21d5141d0765714fa066a3287cd1ff03da5d4be4',
```

```
        gas='0x419ce0',

hash='0xb9bbf4152e162ab32dc560dc7747a6581c81d712fd7225a65
b0325bb8e770132',

input='0xa9059cbb000000000000000000000000003802ad34a4b44239
256320d1c53613b8c2184f97000000000000000000000000000000000000
000000000000000000000000000023e7',

nonce='0x7f1e34bb261512d5d81493d9a2ab9da6d0a2c11c879610ea
1ecf1afc44f98b',

        to='0xbc7fa7eeed94aafad658fd51fe2da843c7fa12aa',

        transactionIndex='0x0',

        value='0x0',

        gasPrice='0x51f4d5c00',

        blockLimit='0x669',

        chainId='0x1',

        groupId='0x1',

        extraData='0x',

        signature={

  r='0xeba3c41375eafee3583ae27d59a9793179702a43140d9cec2
13644a65c89ce11',

  s='0x445437c62f6429800bf33f131520041e074d5ce67f06e9153
654113e219faacc',

        v='0x1',

signature='0xeba3c41375eafee3583ae27d59a9793179702a43140d
9cec213644a65c89ce11445437c62f6429800bf33f131520041e074d5
ce67f06e9153654113e219faacc01'

    }

  }
```

更多控制台命令可以参考官方文档，这里不一一赘述。

八、使用 curl 脚本进行查询

支持命令行工具 curl，该命令的用法与控制台类似，详细功能和用法可以参考官方文档。

九、查询区块序号

查询区块序号命令如下：

```
$ curl -X POST --data '{"jsonrpc":"2.0","method":"getBlockNumber","params":[1],"id":1}' http://127.0.0.1:8545
```

返回示例：

```
{"id":1,"jsonrpc":"2.0","result":"0x476"}
```

0x476 表示当前区块序号是十六进制的 476。

十、按序号查询区块链数据

例如，查询十六进制序号为 476 的区块链数据。

```
$ curl -X POST --data '{"jsonrpc":"2.0","method":"getBlockByNumber","params":[1,"0x476",true],"id":1}' http://127.0.0.1:8545
```

返回示例：

```
{"id":1,"jsonrpc":"2.0","result":{"dbHash":"0xfea6c5901
e59c27f01496673ca27b5bfb99b749f9c4cce7489b23d1b84b03355","extra
Data":[],"gasLimit":"0x0","gasUsed":"0x0","hash":"0x9dd4aeae23
c77582d2094c994c9297bb2677d83492265bf88c138c09702c1036","logsBl
oom":"0x000000000000000000000000000000000000000000000000000000
000000000000000000000000000000000000000000000000000000000000000
000000000000000000000000000000000000000000000000000000000000000
000000000000000000000000000000000000000000000000000000000000000
000000000000000000000000000000000000000000000000000000000000000
000000000000000000000000000000000000000000000000000000000000000
000000000000000000000000000000000000000000000000000000000000000
0000000000000000000000000000000000000000000000000000000000000000
0000000000000000000000000000000000000000000000000","nu
mber":"0x476","parentHash":"0xda29113485f15f90702efbfaf
```

5f36588eeda4989beb0fcb1e6511982d2cda9b2","receiptsRoot":"0x
e95d3cf5ce9e2e0dafbccb5576c4d9e9cfa79b86872dcf76411863d2e6ff
2f62","sealer":"0x1","sealerList":["433384a6847a8e52610335f
e2f9ae3422d6a2b6da95c35a0cf016be20d76930b29b303016e23dae91c
6073b9d2749781e1ad23e8e8634660d50c28764a28978b","44f9f80034
ef609b4c4ba7f0510f205e1169d131f88ec112d7ac7020e98d0527a34908
4d87ad4ae04ca90637547682840b5edae3949c308f713b5fad4a38dc61",
"e532400003d030fb87b4da58b6ba75cadb701c0d4355e916ec56757d9bf
a33cc3ae9811056a20dab5b17e4977cdaea61d2def5786b908f22c488f3
a60d5a625c","e59d3d8ae6a9dc372be0765a4f6665a79d0cec0c4bc863
5e01794076001968626768516e1393af164a10063ff8a8f009b11ecf2bbac
619cee96490768b75ad322"],"signatureList":[{"index":"0x0","si
gnature":"0x16684e79a640b32876134dfc4157192469c2beef3fc4117
6f5bd08f9fac3dc36276cb24d05ed7dc92e95e6f695be6acab7a03a1fa25
9949a37ec4afd28ea8ce400"},{"index":"0x2","signature":"0xb254
8b2bf7eacfa746422007fe652e9fc4077e6c85d8e5bffa13c85f7cd9b9797
8ed81bf600f66a85c14a530f0b668813037610a5d24a2bdae3a840471015
f2f00"},{"index":"0x3","signature":"0x20e0587153534d0b87817
4cb87ae5390189eed3d32378baba2c8907db773d0d625fef6d308d53fed0
68c363b49c9ff6bb7d9eb5083cffabc2f5480a9a24d9d0601"}],"stateRo
ot":"0xfea6c5901e59c27f01496673ca27b5bfb99b749f9c4cce7489b23
d1b84b03355","timestamp":"0x17b2a58acfb","transactions":[{"b
lockHash":"0x9dd4aeae23c77582d2094c994c9297bb2677d83492265bf
88c138c09702c1036","blockLimit":"0x669","blockNumber":"0x476
","chainId":"0x1","extraData":"0x","from":"0x21d5141d0765714
fa066a3287cd1ff03da5d4be4","gas":"0x419ce0","gasPrice":"0x51f
4d5c00","groupId":"0x1","hash":"0xb9bbf4152e162ab32dc560dc77
47a6581c81d712fd7225a65b0325bb8e770132","input":"0xa9059cbb0
00000000000000000000003802ad34a4b44239256320d1c53613b8c218
4f9700000000000000000000000000000000000000000000000000000000
000023e7","nonce":"0x7f1e34bb261512d5d81493d9a2ab9da6d0a2c1
1c879610ea1ecf1afc44f98b","signature":{"r":"0xeba3c41375eafe
e3583ae27d59a9793179702a43140d9cec213644a65c89ce11","s":"0x4
45437c62f6429800bf33f131520041e074d5ce67f06e9153654113e219f
aacc","signature":"0xeba3c41375eafee3583ae27d59a9793179702a4
3140d9cec213644a65c89ce11445437c62f6429800bf33f131520041e074
d5ce67f06e9153654113e219faacc01","v":"0x1"},"to":"0xbc7fa7ee
ed94aafad658fd51fe2da843c7fa12aa","transactionIndex":"0x0","
value":"0x0"}],"transactionsRoot":"0x025c15bbb4fa4753afca47f
ee5d3b9d2d51f15fc9e0f9564f909048ad0547f11"}}

十一、按交易哈希查询交易数据

```
$ curl -X POST --data '{"jsonrpc":"2.0","method":"g
etTransactionByHash","params":[1,"0xb9bbf4152e162ab32dc
560dc7747a6581c81d712fd7225a65b0325bb8e770132"],"id":1}'
http://127.0.0.1:8545
```

返回示例：

{"id":1,"jsonrpc":"2.0","result":{"blockHash":"0x9dd4a
eae23c77582d2094c994c9297bb2677d83492265bf88c138c09702c10
36","blockLimit":"0x669","blockNumber":"0x476","chainId":
"0x1","extraData":"0x","from":"0x21d5141d0765714fa066a328
7cd1ff03da5d4be4","gas":"0x419ce0","gasPrice":"0x51f4d5c00
","groupId":"0x1","hash":"0xb9bbf4152e162ab32dc560dc7747a
6581c81d712fd7225a65b0325bb8e770132","input":"0xa9059cbb0
0000000000000000000000003802ad34a4b44239256320d1c53613b8c2
184f970000000000000000000000000000000000000000000000000000
00000000023e7","nonce":"0x7f1e34bb261512d5d81493d9a2ab9da
6d0a2c11c879610ea1ecf1afc44f98b","signature":{"r":"0xeba3
c41375eafee3583ae27d59a9793179702a43140d9cec213644a65c89c
e11","s":"0x445437c62f6429800bf33f131520041e074d5ce67f06e
9153654113e219faacc","signature":"0xeba3c41375eafee3583ae
27d59a9793179702a43140d9cec213644a65c89ce11445437c62f6429
800bf33f131520041e074d5ce67f06e9153654113e219faacc01","v"
:"0x1"},"to":"0xbc7fa7eeed94aafad658fd51fe2da843c7fa12aa"
,"transactionIndex":"0x0","value":"0x0"}}

职业模块 ④

区块链运维

培训课程 1　应用部署

　　学习单元 1　区块链应用部署方法

　　学习单元 2　智能合约编译与部署

培训课程 2　系统维护

　　学习单元 1　区块链管理工具安装与配置

　　学习单元 2　区块链日志管理与配置方法

　　学习单元 3　区块链权限配置方法

培训课程 3　系统监控

　　学习单元 1　区块链监控工具安装与使用

　　学习单元 2　区块链网络状态检查方法

培训课程　1

应用部署

学习单元 1　区块链应用部署方法

一、区块链应用部署基础

1. 应用系统的一般架构

区块链应用系统的架构一般包括以下几个部分。

（1）用于业务呈现与操作的客户端，一般包括 Web 客户端、App 以及小程序等。

（2）基于 RESTful API 形式的服务端，负责承载客户端业务访问以及与区块链交互。

（3）基于关系型或非关系型的业务数据库，用于实现业务相关操作。

（4）基于特定技术框架的区块链网络，区块链技术包括 Hyperledger Fabric、Ethereum 等。

应用系统架构示意如图 4-1 所示。

图 4-1　应用系统架构示意图

2. 配置 Python 虚拟运行环境

在运维区块链网络时往往需要管理大批量的服务器，操作员需要借助程序软件，通过自动化的方式进行管理。由于 Python 是一个解释型语言，针对不同的项目需要设置独立的编译环境，操作员需要具备搭建环境的能力。

下面介绍搭建 Python 虚拟环境的过程，本学习单元采用 CentOS 操作系统作为基础，为方便部署，操作员在操作时需注意系统身份，本学习单元采用 root 用户。

139

（1）安装 Python

添加阿里云镜像源，用于加速依赖安装：

```
# cd /etc/yum.repos.d/
# wget http://mirrors.aliyun.com/repo/CentOS-7.repo
```

完成工具源配置后，安装 Python 工具的依赖：

```
# yum update
# yum install libffi-devel wget sqlite-devel xz gcc atuomake zlib-devel openssl-devel epel-release git -y
```

下载并安装 Python 工具：

```
# cd ~
# wget https://www.python.org/ftp/python/3.9.0/Python-3.9.0.tgz
# cd Python-3.9.0/
# ./configure && make -j 4 && make install
```

（2）安装并使用 virtualenv 虚拟环境

修改 pip 更新源并使用 pip 安装 Python 虚拟环境工具 virtualenv。

```
$ mkdir ~/.pip
$ vim ~/.pip/pip.conf
```

修改 pip.conf 的内容如下：

```
[global]
timeout = 10
index-url = http://mirrors.aliyun.com/pypi/simple/
[install]
trusted-host=mirrors.aliyun.com
```

安装 virtualenv：

```
$ pip install virtualenv
```

使用 virtualenv 创建以及使用 source 命令加载可进入虚拟环境：

```
$ python3.9 -m virtualenv venv
$ source venv/bin/activate
```

3. 安装并配置基于 Nginx 技术的 HTTP 服务器

Nginx 是一款高效的 HTTP 服务器，使用 Nginx 可以部署包括 HTTP、IMAP、

POP3 以及 SMTP 的服务。基于 Nginx，操作人员可以将静态网页部署于指定端口，从而实现被互联网其他 IP 地址访问。

（1）安装 Nginx

下载并解压 Nginx 源文件：

```
# cd ~
# wget https://nginx.org/download/nginx-1.19.10.tar.gz
# tar xzvf nginx-1.19.10.tar.gz
```

配置并安装：

```
# yum install -y zlib zlib-devel openssl openssl-devel
# ./configure && make -j 4 && make install
```

修改配置文件，完成通过命令行使用工具，修改 /etc/profile 文件，在文件后添加相关输入内容：

```
$ vim /etc/profile
```

修改 /etc/profile 文件内容如下：

```
...
export PATH=$PATH:/usr/local/nginx/sbin
```

通过 source 命令加载 /etc/profile 并验证：

```
$ source /etc/profile
$ nginx
$ ps -ef | grep 'nginx'
```

当发现有 Nginx 进程存在时，可确认 Nginx 已安装完成。

（2）配置 Nginx.conf

通过 Nginx 工具发现配置文件的目录：

```
$ nginx -t
```

```
  nginx: the configuration file /usr/local/nginx/conf/
nginx.conf syntax is ok
  nginx: configuration file /usr/local/nginx/conf/nginx.
conf test is successful
```

通过命令可以确定 Nginx 的配置文件目录为 usr/local/nginx/conf/nginx.conf，接

下来对此文件进行修改。

Nginx.conf 配置文件包括 4 个模块。

1）初始配置模块。包括定义 Nginx 的用户组（user）、进程的存放路径（pid）、整体日志存放路径（log）、启动进程数（pid）等。Nginx.conf 配置示例如下：

```
user   root;   #用户组配置，root 表示只用 root 用户可以使此配置
文件修改生效
worker_processes  1;   #Nginx 相应 worker 启动的进程数
error_log  logs/error.log;   #Nginx 错误日志的存放路径
error_log  logs/error.log  notice;
error_log  logs/error.log  info;
pid        logs/nginx.pid; #Nginx 进程的存放路径
```

2）events 事件块。其中包括 work_connections 配置指定每个 worker 进程的最大连接数。配置示例如下：

```
events {
    worker_connections  1024; #worker 进程的最大连接数
}
```

3）http 服务配置模块。可以嵌套多个 server，用于代理、缓存、日志等内容和第三方模块的配置。配置示例如下：

```
http {
include   mime.types;  # 文件扩展名和类型映射表
default_type  application/octet-stream; # HTTP 传输类型
log_format  main  '$remote_addr - $remote_user [$time_
local] "$request" '  '$status $body_bytes_sent "$http_
referer" ' '"$http_user_agent" "$http_x_forwarded_for"';
access_log  logs/access.log  main;  # 日志格式
......
}
```

4）server 模块。只能出现在 HTTP 模块中，用于设置服务器的虚拟主机，其

中参数包括设定虚拟主机的域名、IP 端口等，继承全局参数，若与全局参数重名则会覆盖。操作员一般需要在此模块中加入相应的 server 指定占用的端口及服务。配置示例如下：

```
server {
listen 80; # 虚拟主机监听的端口
server_name www.demo.com; # 虚拟主机的域名
location / { # 虚拟主机 URL 响应的内容
            root html; # 响应内容的服务端静态路径
            index index.html index.html; # 响应内容
}
locaiton = /50x.html {
            root html;
}
}
```

二、区块链应用部署的基本流程

区块链的应用部署流程一般包括区块链网络搭建、智能合约编译与部署、部署服务端接口项目、部署客户端项目、项目整体测试 5 个步骤。

1. 区块链网络搭建

构建区块链网络是应用部署的基础，在构建区块链网络阶段，操作人员需要严格按照部署手册要求，检查部署环境是否符合标准，并做好准备工作，内容包括：

（1）检查部署环境硬件是否符合手册需求；

（2）检查部署环境操作系统是否符合手册需求；

（3）检查部署环境的网络是否符合需求；

（4）安装网络环境搭建需要的依赖工具；

（5）根据部署手册启动区块链网络并做好初始化操作；

（6）撰写工作内容报告。

2. 智能合约编译与部署

完成区块链网络搭建后即可在网络中部署智能合约，操作人员需要根据部署手册要求部署指定智能合约，操作步骤如图 4-2 所示。

图 4-2　智能合约编译与部署流程

操作人员需要根据区块链网络实际环境编译智能合约。在完成合约编译后，操作人员需要根据部署手册将合约按要求部署。例如，在 Hyperledger Fabric 网络中需要根据不同通道（channel）部署智能合约，满足业务需求。在完成智能合约部署后，操作人员需要根据部署手册内容，进行合约测试。确认合约部署状态后根据要求撰写部署报告，汇报智能合约部署具体细节。

3. 部署服务端接口项目

完成智能合约编译与部署后，操作人员需要开展应用方面的开发。具体操作步骤如图 4-3 所示。

图 4-3　服务端接口项目部署流程

在进行服务端接口部署前，操作人员需要安装服务端接口项目的依赖工具用作环境准备。接下来，根据实际环境部署应用项目。完成项目部署后，操作人员需要根据操作手册测试部署的项目，测试部署成功与否。测试内容包括两方面，一方面是需要测试区块链网络的连通性，另一方面是测试提供前端访问的接口是否正确。确认部署状态后根据要求撰写部署报告。

4. 部署客户端项目

在区块链应用中，客户端项目包括 Web 项目、App 项目以及小程序等项目。一般情况下，在服务器操作方面，操作人员只需完成 Web 项目的部署即可，部署流程如图 4-4 所示。

图 4-4　客户端项目部署流程

客户端的部署流程与服务端的部署流程接近，二者最大的区别在于 Web 项目通过 HTTP 服务器，例如使用 Nginx、Apache 等工具部署静态文件，从而实现客户端项目的部署。在准备环境时，操作人员需要先安装对应的 HTTP 服务器程序，再通过修改程序对应的配置静态文件目录，从而实现客户端项目的部署。在部署完成后，操作人员需要针对 Web 客户端功能进行相应测试，并撰写报告。

5. 项目整体测试

在完成区块链网络搭建、智能合约编译与部署、服务端接口项目部署、客户端项目部署后，区块链应用整体部署已基本完成。最后一步是基于操作手册的业务测试方案，测试完整的应用功能，测试方法如下。

（1）基于手册业务功能，在客户端对应图形化界面进行相关操作，测试是否能够唤起服务端相应接口。

（2）在服务端进行日志追踪，观察在相应客户端数据请求后是否实现指定业务的功能，并正确调用区块链智能合约功能。

（3）观察区块链网络的账本，追踪是否有业务事务产生，并通过区块的方式进行打包。

在完成以上 5 个步骤操作后，操作人员即可确认区块链应用已正确部署。

三、任务：部署一个测试区块链的应用系统

1. 基于部署区块链测试网络

实施操作前，操作员需要明确技术的版本信息。此处使用的区块链版本信息为 v2.7.2。

```
$ cd ~ && mkdir -p fisco && cd fisco
$ curl -#LO https://github.com/FISCO-BCOS/FISCO-BCOS/releases/download/v2.7.2/build_chain.sh && chmod u+x build_chain.sh
$ bash build_chain.sh -l 127.0.0.1:4 -p 30300,20200,8545
$ bash nodes/127.0.0.1/start_all.sh
$ ps -ef | grep -v grep | grep fisco-bcos
```

在 CentOS 操作系统中，根据以下操作完成部署并验证，当有如图 4-5 所示的输出时，表示启动成功。

```
(venv) -bash-4.2# ps -ef | grep -v grep | grep fisco-bcos
root     21020     1  1 07:37 pts/1    00:00:00 /root/fisco/nodes/127.0.0.1/node0/../fisco-bcos -c config.ini
root     21022     1  1 07:37 pts/1    00:00:00 /root/fisco/nodes/127.0.0.1/node1/../fisco-bcos -c config.ini
root     21024     1  1 07:37 pts/1    00:00:00 /root/fisco/nodes/127.0.0.1/node3/../fisco-bcos -c config.ini
root     21026     1  1 07:37 pts/1    00:00:00 /root/fisco/nodes/127.0.0.1/node2/../fisco-bcos -c config.ini
```

图 4-5　区块链部署结果示意图

2. 使用 Git 工具下载远程代码

下载客户端静态代码，确认静态页面的保存路径：

```
$ cd ~
$ git clone https://gitee.com/arthurhui/operator-front-static.git
```

下载服务端代码：

```
$ git clone https://gitee.com/arthurhui/operator-back.git
```

3. 基于 Docker 安装业务数据库

在区块链应用中一般会用到 MySQL 以及 Redis 两类数据库，通过 Docker 容器技术可以实现这两类数据库的快速部署。

（1）MySQL 数据库

使用 MySQL 数据库进行持久化数据存储，如账户名和密码等信息，命令如下：

```
$ docker run -itd --name mysql-test1 -p 13308:3306 -e MYSQL_ROOT_PASSWORD=qwerasdf@123456 mysql:5.7
```

（2）Redis 数据库

使用 Redis 数据库进行数据缓存，如缓存用户身份验证的令牌信息，命令如下：

```
$ docker run -itd --name redis-test -p 6379:6379 redis
```

上述操作中涉及的 docker run 参数功能见表 4-1。

表 4-1　docker run 参数功能

选项	功能
-i	以交互模式运行容器，通常与 -t 同时使用
-t	为容器重新分配一个伪输入终端，通常与 -i 同时使用
-d	后台运行容器，并返回容器 ID
--name	--name="nginx-lb"：为容器指定一个名称
-p	指定端口映射，格式为：主机（宿主）端口:容器端口
-e	username="ritchie"：设置环境变量

4. 启动 Python3.9 服务端并初始化数据库

完成 Python3.9 以及 virtualenv 工具的安装，进入指定目录创建虚拟环境并加载：

```
$ cd /root/operator-back
$ python3.9 -m virtualenv venv
$ source venv/bin/activate
```

安装服务端依赖工具：

```
$ pip install -r requirements.txt
```

使用 python 命令初始化数据库：

```
$ python operator_db_create.py operator-l3-m1.sql
```

启动服务端，并在后台运行：

```
$ nohup python app.py &
```

5. 安装并配置 Nginx

安装 Nginx 并确认可在交互终端使用，通过以下命令获取 Nginx 配置文件路径信息：

```
$ nginx -t
```

```
  nginx: the configuration file /usr/local/nginx/conf/
nginx.
  conf syntax is ok
  nginx: configuration file /usr/local/nginx/conf/nginx.
conf test is successful
```

修改配置文件，添加 server 模块，操作如下：

```
$ vim /usr/local/nginx/conf/nginx.conf
```

```
http {
......
    server {
        listen 8021;
        server_name  localhost;
        location / {
            try_files $uri $uri/ @router;
            root   /root/operator-front-static/dist/; # 配
置为客户端静态网页代码绝对路径
```

```
        index   index.html index.htm;
    }
    location @router{
        rewrite ^.*$ /index.html last;
    }
    location /api/ {
        proxy_pass http://192.168.200.131:5003/; #需
要填写本机真实 IP（根据实情）
        rewrite ^/api/(.*)$ /$1 break;
    }
    ...
}
```

6. 验证系统部署情况

（1）验证 Nginx 配置是否成功

使用浏览器访问 Web 客户端，访问地址为 http://{Web 客户端 IP}:8021（此处使用的测试服务器地址为 192.168.200.131）。当有如图 4-6 所示练习系统登录界面表示配置成功。

图 4-6　练习系统登录界面

（2）验证管理员登录功能是否正确

管理员登录功能是基于业务数据库设计开发的中心化功能，在输入框中输入用户名"admin3"，密码为"123456"，点击登录（见图 4-7）。当可登录主页面时说明操作正确，如图 4-8 所示。

图 4-7　练习系统登录界面演示内容

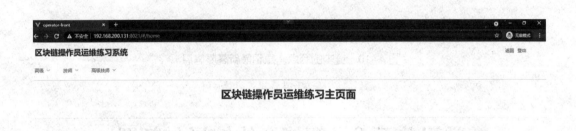

图 4-8　练习系统主页面

（3）测试区块链业务功能

在主界面的导航栏点击"高级""应用部署""学习单元 1"，进入学习单元 1 的显示页面，如图 4-9 所示。

图 4-9　学习单元 1 显示页面

点击图中两个"点击获取"按钮，可获取链中的节点信息和最新高度信息，如图 4-10 所示。

完成以上测试内容，操作员即可确认区块链的练习系统已部署成功。

图 4–10　链中的节点信息和最新高度信息

学习单元 2　智能合约编译与部署

智能合约是区块链系统的"灵魂"，承载系统的核心业务功能，掌握智能合约的编译与部署对于区块链应用操作员来说极其重要。目前，平台支持 Solidity 及 Precompiled 两类合约形式。基于 Solidity 的智能合约开发，需要将 Solidity 的智能合约部署于虚拟机之上。

在平台中可以通过"控制台"的形式部署智能合约，"控制台"全称为命令行交互控制台（Console 控制台），是重要的命令交互工具，它通过 Java SDK 与区块链节点建立连接，实现对区块链节点数据的读写访问请求。在 Console 控制台中包含众多命令，最重要的是其提供一个合约编译工具，用户可以方便地将 Solidity 合约文件编译为 Java 合约文件。操作员在部署智能合约平台前，需要学习 Console 控制台的安装及使用方法。

一般情况下，操作员在使用区块链平台部署智能合约时，需要有前期准备工作，分别包括：

- 验证节点启动 TCP 端口状态，确保硬件环境已就绪；
- 搭建区块链平台节点，并做初始化设置；
- 安装 Console 控制台以及软件依赖；
- 配置 Console 控制台，验证其能否连接区块链网络。

在完成上述准备工作后，通过 Console 控制台连接区块链网络。使用 Console

控制台提供的功能（deploy）将指定智能合约部署于区块链网络。

一、安装并启动 Console 控制台

安装 Console 的依赖内容，在 CentOS 平台运行以下命令：

```
$ sudo yum install -y java java-devel
```

在 Ubuntu 平台运行以下命令：

```
$ sudo apt install -y default-jdk
```

通过以下命令执行安装：

```
$ cd ~/fisco && curl -LO https://github.com/FISCO-BCOS/
console/releases/download/v2.7.2/download_console.sh&& bash
download_console.sh
```

拷贝控制台配置文件：

```
$ cp -n console/conf/config-example.toml console/conf/
config.toml
```

配置控制台证书：

```
$ cp -r nodes/127.0.0.1/sdk/* console/conf/
```

在启动控制台之前通过命令确认区块链节点是否已启动，使用以下命令并观察输出：

```
$ ps -ef | grep -v grep | grep fisco-bcos
```

确认节点已启动后，使用以下命令启动并进入控制台：

```
$ cd ~/fisco/console && bash start.sh
```

当有如图 4-11 所示输出，表示操作正确。

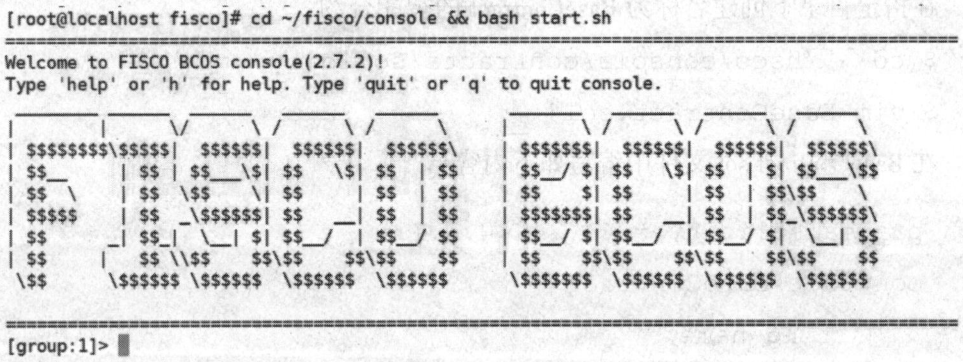

图 4-11　控制台显示信息内容

二、调用 Console 控制台

在通过上述命令进入控制台后，可通过众多命令实现与区块链的交互。例如，获取节点的版本信息，可通过在控制台输入 getNodeVersion，具体操作如下：

```
[group:1]> getNodeVersion
ClientVersion{
    version='2.7.2',
    supportedVersion='2.7.2',
    chainId='1',
    buildTime='20210201 10:03:03',
    buildType='Linux/clang/Release',
    gitBranch='HEAD',
gitCommitHash='4c8a5bbe44c19db8a002017ff9dbb16d3d28e9da'
    }
```

输入 getBlockNumber，获取区块的高度，由于新建链中没有交易，所以块高为 0：

```
[group:1]> getBlockNumber
0
```

三、在 Console 控制台中部署及调用 BaseContract 智能合约

1. 创建智能合约

在指定目录下创建名称为 BaseContract 的智能合约：

```
$ cd ~ /fisco/console/contracts/solidity
$ vim BaseContract.sol
```

在 BaseContract.sol 文件中编写如下内容：

```
pragma solidity>=0.4.24 <0.6.11;
contract BaseContract {
    string name;
    constructor() public {
```

```
        name = "This is Base Contract!";
    }

    function get() public view returns (string memory) {
        return name;
    }

    function set(string memory n) public {
        name = n;
    }
}
```

在合约中定义了 get( ) 和 set( ) 请求，分别对 name 属性提供设置和获取功能。其中，用 constructor( ) 构造函数在合约启动时对 name 属性进行了初始化配置。

2. 部署智能合约

在 console 命令行下输入 deploy BaseContract 命令部署：

```
[group:1]> deploy BaseContract
transaction hash:
0xaf98c969eef9d1146a6056f6657e72586ba60285b97531f4624d
706d9267bf6
    contract address: 0xbed5229a08300c80190c4446b8e2c43cc
3b96496
    currentAccount: 0xd9e7ad8e88a9e9b00aa52b60c8a6b47c299b
bed9
```

接下来，使用 console 命令行，获取链中区块的高度：

```
[group:1]> getBlockNumber
1
```

此时还可以发现，在部署智能合约后区块的高度发生了变化。

3. 调用智能合约

从之前的命令中获取合约地址为：0xbed5229a08300c80190c4446b8e2c43cc 3b96496。

在 console 终端，在命令行中可以使用 call 方法调用函数，格式为：

call [合约名称] [合约地址] [合约中的方法]。

使用命令执行合约中的 get( ) 函数，具体操作与返回内容如下：

```
[group:1]> call BaseContract
0xbed5229a08300c80190c4446b8e2c43cc3b96496 get
-----------------------------------------------------------
---
Return code: 0
description: transaction executed successfully
Return message: Success
-----------------------------------------------------------
---
Return value size:1
Return types: (STRING)
Return values:(This is Base Contract!)
-----------------------------------------------------------
---
```

通过 get( ) 方法就获取了 name 的初始化内容。接下来，使用 set( ) 函数对 name 属性进行设置：

```
[group:1]> call BaseContract
0xbed5229a08300c80190c4446b8e2c43cc3b96496 set "This
Contract
Name is Base Contract!"
transaction hash:
0x9f858b18eebb89854f3b480f9cede6b4906b0f6e31fd8d2a4baff
e087ed8ab19
```

```
    ---------------------------------------------------
---

    transaction status: 0x0

    description: transaction executed successfully

    ---------------------------------------------------
---

    Receipt message: Success

    Return message: Success

    Return values:[]

    ---------------------------------------------------
---

    Event logs

    Event: {}
```

使用 get( ) 方法可以验证 name 属性是否发生变化：

```
    [group:1]> call BaseContract 0xbed5229a08300c80190c444
6b8e2c43cc3b96496 get

    ---------------------------------------------------
---

    Return code: 0

    description: transaction executed successfully

    Return message: Success

    ---------------------------------------------------
---

    Return value size:1

    Return types: (STRING)

    Return values:(This Contract Name is Base Contract!)
```

通过 getBlockNumber 观察区块的高度已发生改变：

```
    [group:1]> getBlockNumber
2
```

培训课程 **2**

系统维护

学习单元 1　区块链管理工具安装与配置

一、管理工具安装与配置

1. 开发部署工具 build_chain.sh 的使用

build_chain.sh 具有多种功能，主要包括以下方面：

- 快速生成一条链中节点的配置文件；
- 快速启动一条适应各种复杂场景的链；
- 使用部分选项可以使区块链进入测试模式（通过 –T 选项配置）。

由于 build_chain.sh 脚本依赖于 OpenSSL 工具，操作员需要掌握 OpenSSL 工具的安装。下面介绍在 CentOS 系统安装 OpenSSL，命令如下：

```
$ sudo yum install openssl
$ sudo yum install openssl-devel
```

在 Ubuntu 系统安装 OpenSSL，命令如下：

```
$ sudo apt-get install openssl
$ sudo apt-get install libssl-dev
```

（1）build_chain.sh 的详细选项信息

–l 选项：用于指定要生成链的 IP 列表以及每个 IP 下的节点数，用逗号分隔。脚本根据输入的参数生成对应的节点配置文件，其中每个节点的端口号默认从 30300 开始递增，所有节点属于同一个机构和群组。

–f 选项：通过配置文件定义生成列的配置信息，按行进行分割，每一行表示一个服务器配置信息，格式为 "[IP]:[NUM] [AgencyName] [GroupList]"，每行内的项使用空格分割。IP 和 NUM 分别表示机器的 IP 地址以及该机器上的节点数。

AgencyName 表示机构名，用于指定使用的机构证书。GroupList 表示该行生成的节点所属的组。例如，"192.168.0.1:2 agency1 1,2"表示 IP 为"192.168.0.1"的机器上有两个节点，这两个节点属于机构"agency1"，属于 group1 和 group2。配置示例如下：

```
192.168.0.1:1 agency1 1,2 30300,20200,8545
192.168.0.2:1 agency1 1,2 30300,20200,8545
192.168.0.3:2 agency1 1,3 30300,20200,8545
192.168.0.4:1 agency2 1   30300,20200,8545
192.168.0.5:1 agency3 2,3 30300,20200,8545
192.168.0.6:1 agency2 3   30300,20200,8545
```

–e 选项：用于指定二进制所在的完整路径，脚本将会拷贝在以 IP 为名的目录下。不指定时，默认从 GitHub 下载最新的二进制程序。以下为示例代码信息。

从 GitHub 下载最新 release 二进制，生成本机 4 节点：

```
$ bash build_chain.sh -l 127.0.0.1:4
```

使用 bin/fisco-bcos 二进制，生成本机 4 节点：

```
$ bash build_chain.sh -l 127.0.0.1:4 -e bin/fisco-bcos
```

–o 选项：指定生成的配置所在的目录。

–p 选项：指定节点的起始端口，每个节点占用三个端口，分别是 P2P、channel、jsonrpc，使用分割端口且必须指定三个端口。同一个 IP 下的不同节点所使用的端口从起始端口递增。

–d 选项：使用 Docker 模式搭建，使用该选项时不再拉取二进制，但要求用户启动节点机器安装 Docker 且账户有 Docker 权限，即用户加入 Docker 群组。在节点目录下执行以下命令启动节点：

```
$ ./start.sh
```

使用此模式下 start.sh 脚本启动节点的命令如下：

```
$ docker run -d --rm --name ${nodePath} -v ${nodePath}:/
data --network=host -w=/data fiscoorg/fiscobcos:latest -c
config.ini
```

–s 选项：定义区块链节点使用的数据库，目前支持 RocksDB、MySQL、Scalable。

-c 选项：定义共识算法类型，可以定义的算法包括 PBFT、Raft、rPBFT。

-t 选项：用于指定证书时的证书配置文件（仅在非国密模式下生效），配置文件示例如下：

```
[ca]
default_ca=default_ca
[default_ca]
default_days = 365
default_md = sha256
[req]
distinguished_name = req_distinguished_name
req_extensions = v3_req
[req_distinguished_name]
countryName = CN
countryName_default = CN
stateOrProvinceName = State or Province Name (full
name)
stateOrProvinceName_default =GuangDong
localityName = Locality Name (eg, city)
localityName_default = ShenZhen
organizationalUnitName = Organizational Unit Name (eg,
section)
organizationalUnitName_default = fisco-bcos
commonName =  Organizational  commonName (eg, fisco-
bcos)
commonName_default = fisco-bcos
commonName_max = 64
[ v3_req ]
basicConstraints = CA:FALSE
keyUsage = nonRepudiation, digitalSignature,
```

```
keyEncipherment
  [ v4_req ]
  basicConstraints = CA:TRUE
```

–k 选项：使用用户指定的链证书和私钥签发机构与节点的证书，参数指定路径，路径下必须包括 ca.crt/ca.key，如果所指定的私钥和证书是中间 ca，那么此文件夹下还需要包括 root.crt，用于存放上级证书链。

–K 选项：国密模式使用用户指定的链证书和私钥签发机构与节点的证书，参数指定路径，路径下必须包括 gmca.crt/gmca.key，如果所指定的私钥和证书是中间 ca，那么此文件夹下还需要包括 gmroot.crt，用于存放上级证书链。

–G 选项：从区块链技术 2.5.0 版本开始，在国密模式下，用户可以配置节点与 SDK 连接是否使用国密 SSL，设置此选项则应使 chain.sm_crypto_channel=true。默认节点与 SDK 的 channel 连接使用 secp256k1 的证书。

–T 选项：无参数选项，设置该选项时，设置节点的 log 级别为 DEBUG。

（2）节点文件组织结构

通过之前的应用部署工作，在 fisco 目录下已经创建了 nodes 目录，使用 tree 命令可以查看 nodes 目录的详细信息。以下为通过 tree 命令查看的目录信息：

```
$ tree nodes/
```

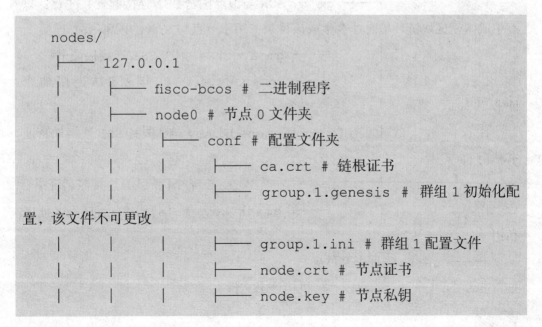

```
nodes/
├── 127.0.0.1
│   ├── fisco-bcos # 二进制程序
│   ├── node0 # 节点 0 文件夹
│   │   ├── conf # 配置文件夹
│   │   │   ├── ca.crt # 链根证书
│   │   │   ├── group.1.genesis # 群组 1 初始化配
置，该文件不可更改
│   │   │   ├── group.1.ini # 群组 1 配置文件
│   │   │   ├── node.crt # 节点证书
│   │   │   ├── node.key # 节点私钥
```

```
│       │       │       ├── node.nodeid # 节点id，公钥的16
进制表示
│       │       ├── config.ini # 节点主配置文件，配置监听IP、
端口等
│       │       ├── start.sh # 启动脚本，用于启动节点
│       │       └── stop.sh # 停止脚本，用于停止节点
│       ├── node1 # 节点1文件夹
│       │ .....
│       ├── node2 # 节点2文件夹
│       │ .....
│       ├── node3 # 节点3文件夹
│       │ .....
│       ├── sdk # SDK与节点SSL连接配置，FISCO-BCOS 2.5
及之后的版本，添加了SDK只能连本机构节点的限制，操作时需确认拷贝证书
的路径，否则建联报错
│       │       ├── ca.crt # SSL连接根证书
│       │       ├── sdk.crt # SSL连接证书
│       │       └── sdk.key # SSL连接证书私钥
│       │       ├── gm # SDK与节点国密SSL连接配置，注意：只
有生成国密区块链环境时才会生成该目录，用于节点与SDK的国密SSL连接
│       │       │       ├── gmca.crt # 国密SSL连接根证书
│       │       │       ├── gmensdk.crt # 国密SSL连接加密
证书
│       │       │       ├── gmensdk.key # 国密SSL连接加密证
书私钥
│       │       │       ├── gmsdk.crt # 国密SSL连接签名证书
│       │       │       └── gmsdk.key # 国密SSL连接签名证书
私钥
├── cert # 证书文件夹
│       ├── agency # 机构证书文件夹
```

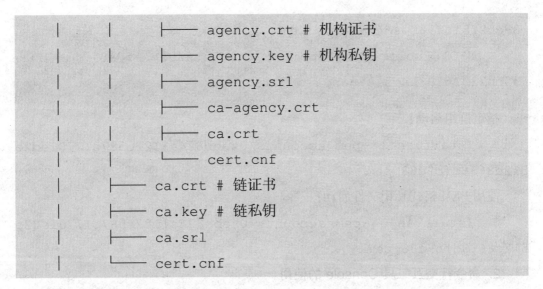

```
    |     |              ├──── agency.crt # 机构证书
    |     |              ├──── agency.key # 机构私钥
    |     |              ├──── agency.srl
    |     |              ├──── ca-agency.crt
    |     |              ├──── ca.crt
    |     |              └──── cert.cnf
    |     ├──── ca.crt # 链证书
    |     ├──── ca.key # 链私钥
    |     ├──── ca.srl
    |     └──── cert.cnf
```

在上述信息中，已经说明了节点的相关信息，操作员在使用时还需注意以下配置内容。

● cert 文件夹下存放链的根证书和机构证书。

● 以 IP 命名的文件夹下存储该服务器所有节点相关配置、fisco-bcos 可执行程序、SDK 所需的证书文件。

● 每个 IP 文件夹下的 node* 文件夹存储节点所需的配置文件。其中 config.ini 为节点的主配置，conf 目录下存储证书文件和群组相关配置。每个节点中还提供 start.sh 和 stop.sh 脚本，用于启动和停止节点。

● 每个 IP 文件夹下提供的 start_all.sh 和 stop_all.sh 两个脚本用于启动和停止所有节点。

（3）其他脚本使用说明

查看当前控制台版本：

```
$ ./start.sh --version
```

```
 console version: 2.7.2'
```

使用 get_account.sh 脚本生成新的用户，生成的账户文件存在 accounts 目录下：

```
$ ./get_account.sh
```

```
 [INFO] Account Address   : 0xcbef7487703d4b9239cb22816
196bec54476cbba
 [INFO] Private Key (pem) : accounts/0xcbef7487703d4b92
```

```
39cb22816196bec54476cbba.pem
    [INFO] Public  Key (pem) : accounts/0xcbef7487703d4b92
39cb22816196bec54476cbba.public.pem
```

指定群组启动：

```
$ ./start.sh 1 -pem accounts/0xebb824a1122e587b17701ed2e
512d8638dfb9c88.pem
```

使用 PEM 格式私钥文件启动：

```
$ ./start.sh 1 -pem accounts/0xebb824a1122e587b17701ed2e
512d8638dfb9c88.pem
```

2. 命令行交互工具 Console 的使用

在应用部署模块，操作员已实现了使用 Console 工具部署一个测试智能合约。除了使用 deploy 实现合约部署，Console 还包括诸多其他功能，在这里仅列出调用相关的命令，分别包括以下信息。

（1）newAccount

创建新的发送交易的账户，会默认以 PEM 格式将账户保存在 account 目录下。示例代码如下：

```
[group:1]> newAccount
AccountPath: account/ecdsa/0xf4bfa020525f1875ae882460b
ad3615659b19e3d.pem
Note: This operation does not create an account in
the blockchain, but only creates a local account, and
deploying a contract through this account will create an
account in the blockchain
    newAccount: 0xf4bfa020525f1875ae882460bad3615659b19e3d
    AccountType: ecdsa
```

（2）loadAccount

加载 PEM 或者 P12 格式的私钥文件，加载的私钥可以用于发送交易签名。参数包括以下两种。

1）私钥文件路径：支持相对路径、绝对路径和默认路径三种方式。用户输入账户地址时，默认从 config.toml 的账户配置选项 keyStoreDir 加载账户。

2）账户格式：可选，是指加载的账户文件类型，支持 pem 与 p12，默认为 pem。

使用 loadAccount 可以加载上述 newAccount 创建的账户，操作如下：

```
[group:1]> loadAccount 0xf4bfa020525f1875ae882460bad36
15659b19e3d
 Load account 0xf4bfa020525f1875ae882460bad3615659b19e
3d success!
```

（3）deploy

部署合约，示例命令为：

```
deploy [合约路径]
```

合约路径参数支持相对路径、绝对路径和默认路径三种方式。示例代码如下：

```
[group:1]> deploy HelloWorld
 transaction hash: 0xc72152a59078e099794d1c46ad3fbd1776
1bbb9bf53ff241a59e4f2afcc7cd95
 contract address: 0x605f18f042722f6952a5caa8418db7d382
beecd2
 currentAccount: 0xf4bfa020525f1875ae882460bad3615659b1
9e3d
```

（4）call

调用智能合约的命令，示例命令为：

```
call [合约路径] [合约地址] [合约接口名] [合约接口的参数]
```

合约路径：合约文件的路径，支持相对路径、绝对路径和默认路径三种方式。用户输入文件名时，从默认目录获取文件，默认目录为：contracts/solidity。

合约地址：部署合约获取的地址。

合约接口名：调用的合约接口名。

合约接口的参数：由合约接口参数决定。参数由空格分隔；数组参数需要加中括号，如 [1,2,3]，数组中是字符串或字节类型时加双引号，如 ["alice"，"bob"]，注意数组参数中不要有空格；布尔类型为 true 或者 false。

示例代码如下：

```
[group:1]> call HelloWorld 0x605f18f042722f6952a5caa84
18db7d382beecd2 get
--------------------------------------------------------
Return code: 0
description: transaction executed successfully
Return message: Success
--------------------------------------------------------
Return value size:1
Return types: (STRING)
Return values:(Hello, World!)
```

二、Hyperledger Fabric 管理工具安装与配置

成功搭建 Fabric 联盟链网络需要使用 peer、cryptogen 等诸多命令。在 Hyperledger Fabric 联盟链的维护与管理方面，这些命令也是基础，操作员需要掌握并使用这些命令。需要注意的是，由于 Hyperledger Fabric 版本迭代较快，不同版本间的工具命令会有偏差，此处主要基于 Hyperledger Fabric 的 V2.3.0 版本介绍使用方法。

Hyperledger Fabric 的管理工具可以直接从官网下载，或通过源码编译生成。在下载成功后，操作员需在全局变量中添加二进制文件所在目录，实现快速使用。

Hyperledger Fabric 提供了承载管理工具的容器 fabric-tools，操作员可通过 Docker 下载指定版本的 fabric-tools 镜像，通过命令启动容器，在容器中使用工具。

接下来重点介绍几个常用的二进制命令。

1. peer 命令

Peer 命令用于操作 Fabric 网络中除了 orderer 节点以外的 peer 节点，包含 peer node、peer channel、peer lifecycle chaincode 等子命令。在 peer 命令执行时会读取对应的 core.yaml 配置文件，通过配置 FABRIC_CFG_PATH 环境变量定义。连接任意 peer 节点时需要配置环境变量获取管理员权限执行操作，包括 CORE_PEER_LOCALMSPID、

CORE_PEER_TLS_ENABLED、CORE_PEER_TLS_ROOTCERT_FILE、CORE_PEER_ MSPCONFIGPATH、CORE_PEER_ADDRESS。接下来介绍 peer 子命令的内容。

（1）peer node

使用此命令可以让管理员启动一个 peer 节点，通过 genesis block 重置节点内的所有通道或者将通道内账本回滚到指定区块号，详见表 4-2。

表 4-2　peer node 子命令及描述

子命令	描述
peer node start	启动一个 peer 节点
peer node reset	重置节点内的所有通道
peer node rollback	回滚节点内的通道到指定区块号

（2）peer channel

该命令用于在管理员权限下对通道（channel）的相关操作，详见表 4-3。

表 4-3　peer channel 子命令及描述

子命令	描述
peer channel create	创建一个通道
peer channel fetch	获取通道中的一个块
peer channel getinfo	从指定通道中获取区块链信息
peer channel join	将节点加入一个通道
peer channel list	列出节点加入的所有通道
peer channel signconfigtx	为配置文件 configtx 更新签名
peer channel update	发送配置文件 configtx 更新请求

在执行上述命令时，还有一系列选项需要添加，详见表 4-4。

表 4-4　peer channel 选项及描述

选项	描述
--cafile	orderer 节点身份认证文件的路径
--certfile	与 orderer 节点进行 TLS 加密通信的公钥
--clientauth	在 orderer 节点通信时，节点是否也需要 TLS 加密

续表

选项	描述
--connTimeout	连接超时时间（默认为3秒）
--orderer 或 -o	orderer 节点地址
--ordererTLSHostnameOverride	当使用 TLS 加密时使用的域名
--tls	是否使用 TLS 加密
--tlsHandshakeTimeShift	TLS 加密通信握手时的时延

（3）peer lifecycle chaincode

该命令可以通过管理员角色执行 Chaincode 的相关操作，详见表4-5。

表4-5　peer lifecycle chaincode 子命令及描述

子命令	描述
peer lifecycle chaincode approveformyorg	针对连接 peer 节点的组织，批准对应的 Chaincode Definition
peer lifecycle chaincode checkcommitreadiness	检查是否一个 Chaincode Definition 已经准备好加入通道
peer lifecycle chaincode commit	将 Chaincode Definition 提交到链上
peer lifecycle chaincode getinstallpacheage	从连接的 peer 节点中获取一个已经安装过 Chaincode 的压缩包
peer lifecycle chaincode install	安装 Chaincode
peer lifecycle chaincode package	打包 Chaincode
peer lifecycle chaincode queryaprroved	查询相关组织中已经获得批准的 Chaincode Definition
peer lifecycle chaincode querycommitted	查询已经提交的 Chaincode Definition
peer lifecycle chaincode queryinstalled	查询已经安装的 Chaincode

在命令时还需配置一些选项，详见表4-6。

表4-6　peer lifecycle chaincode 选项及描述

选项	描述
--cafile	包含 orderer 节点的授信证书路径
--certfile	包含与 orderer 节点通过 TLS 加密机制通信的公钥
--clientauth	当与 orderer 节点交互数据传输时，表示 client 节点是否需要加密通信

续表

选项	描述
--connTimeout	连接超时时间（默认为 3 秒）
--keyfile	包含与 orderer 节点通过 TLS 加密机制通信的私钥
--orderer	orderer 节点地址
--ordererTLSHostnameOverride	当验证与 orderer 节点的 TLS 连接时需要的域名
--tls	是否使用 TLS 加密
--tlsHandshakeTimeShift	TLS 加密通信握手时数据检验的时间量

2. cryptogen 命令

cryptogen 是一种用于创建 Fabric 网络中的密钥相关内容的命令。此命令主要用于在测试网络中预定义网络，在生产网络一般不使用此工具。具体子命令详见表 4-7。

表 4-7　cryptogen 子命令及描述

子命令	描述
cryptogen generate	生成密钥相关文件
cryptogen showtemplate	显示默认的配置模板
cryptogen extend	对现有网络的衍生

cryptogen generate 需要使用选项配置输出目录和指定读取的配置信息，详见表 4-8。

表 4-8　cryptogen generate 选项及描述

选项	描述
--output	输出密钥文件目录的路径
--config	指定读取的配置文件路径

cryptogen extend 需要配合相关选项使用，详见表 4-9。

表 4-9　cryptogen extend 选项及描述

选项	描述
--input=" crypto-config"	更新密钥文件目录的路径
--config	指定读取的配置文件路径

3. configtxgen 命令

此命令允许用户创建和检查通道的配置，通道的配置信息被保存在 configtx. yaml 文件中，在使用 configtxgen 命令时需要先指定 configtx.yaml 文件。configtx. yaml 文件的位置由环境变量 FABRIC_CFG_PATH 定义，在 configtxgen 命令执行前都会通过读取这个环境变量获取 configtx.yaml 的文件位置。configtxgen 命令可以通过配置选项实现不同功能，详见表 4-10。

表4-10　configtxgen 选项及描述

选项	描述
--channelID	configtx 中的通道编号
--configPath	指定配置的路径
--inspectBlock	打印输出指定目录下包含块的配置信息
--inspectChannelCreateTx	打印输出指定目录下包含交易的配置信息
--outputBlock	写入起始块信息的路径
--outputCreateChannelTx	写入通道创建配置的路径
--printOrg	以 JSON 的形式打印组织内容
--profile	在通道生成时使用的 configtx.yaml 中的内容
--asOrg	通过组织名称作为标识，执行配置文件相关生成工作，生成操作都需要以标识作为依据，不执行在配置文件中超过标识以外的内容
--channelCreateTxBaseProfile	指定一个配置文件，将其视为 orderer 服务系统通道的当前状态，以此来修改在通道创建过程中非应用程序的参数。仅与"outputCreateChannelTx"选项联用

4. configtxlator 命令

使用此命令可以将 Fabric 网络中相关的数据结构以及创建与更新的配置实现 protobuf 格式与 JSON 格式的相互转换。此命令有两种使用方式，一种是作为服务端进程以 Rest Server 的形式提供接口使用，另一种是直接作为命令行使用。详细介绍地址如下：

```
https://hyperledger-fabric.readthedocs.io/en/
release-2.3/commands/configtxlator.html
```

学习单元 2　区块链日志管理与配置方法

一、日志管理与配置方法

1. 日志格式

节点日志输出在 log 目录下，文件格式如下：

```
log_%YYYY%mm%dd%HH.%MM
```

目前，已为具体日志信息定制了格式，目的在于方便用户通过日志查看各群组状态。每一条日志记录格式如下：

```
# 日志格式：
log_level|time|[g:group_id][module_name] content
# 日志示例：
info|2019-06-26 16:37:08.253147|[g:3][CONSENSUS][PBFT]
^^^^^^^^^Report,num=0,sealerIdx=0,hash=a4e10062...,next
=1,tx=0,nodeIdx=2
```

各字段含义如下。

● log_level：日志级别，目前主要包括 trace、debug、info、warning、error 和 fatal，其中，在发生极其严重错误时会输出 fatal。

● time：日志输出时间，精确到纳秒。

● group_id：输出日志记录的群组 ID。

● module_name：模块关键字，如同步模块关键字为 SYNC，共识模块关键字为 CONSENSUS。

content：日志记录内容。

2. 常见日志说明

（1）共识打包日志

操作员可通过以下命令查看指定群组共识打包日志：

```
$ tail -f log/* | grep "${group_id}.*++"
```

以下是共识打包日志的示例：

```
info|2019-06-26 18:00:02.551399|[g:2][CONSENSUS]
[SEALER]+
+++++++++++++++ Generating seal on,blkNum=1,tx=0,nodeI
dx=3,hash=1f9c2b14...
```

各字段含义如下。

- blkNum：打包区块的高度。
- tx：打包区块中包含的交易数。
- nodeIdx：当前共识节点索引。
- hash：打包区块的哈希值。

（2）共识异常日志

网络抖动、网络断连或配置出错（如同一个群组的创世块文件不一致）均有可能导致节点共识异常，PBFT 共识节点会输出 ViewChangeWarning 日志，示例如下：

```
warning|2019-06-26 18:00:06.154102|[g:1][CONSENSUS]
[PBFT]
ViewChangeWarning: not caused by omit empty block ,v=5,
toV=6,curNum=715,hash=ed6e856d...,nodeIdx=3,myNode=e39000
ea...
```

各字段含义如下。

- v：当前节点 PBFT 共识视图。
- toV：当前节点视图切换到的视图。
- curNum：节点最高块高。
- hash：节点最高块哈希值。
- nodeIdx：当前共识节点索引。
- myNode：当前节点 Node ID。

（3）区块落盘日志

区块共识成功或节点正在从其他节点同步区块，均会输出落盘日志。通过以下命令可以查看指定日志信息：

```
$ tail -f log/* | grep "${group_id}.*Report"
```

以下为区块链落盘日志示例：

```
info|2019-06-26 18:00:07.802027|[g:1][CONSENSUS][PBFT]
^^^^^^^^Report,num=716,sealerIdx=2,hash=dfd75e06...,next=
717,tx=8,nodeIdx=3
```

各字段含义如下。

- num：落盘区块块高。
- sealerIdx：打包该区块的共识节点索引。
- hash：落盘区块哈希值。
- next：下一个区块块高。
- tx：落盘区块中包含的交易数。
- nodeIdx：当前共识节点索引。

（4）网络连接日志

通过以下命令可以查看网络连接日志：

```
$ tail -f log/* | grep "connected count"
```

以下为输出日志示例：

```
info|2019-06-26 18:00:01.343480|[P2P][Service]
heartBeat,connected  count=3
```

其中字段含义如下。

- connected count：与当前节点建立 P2P 网络连接的节点数。

3. 日志配置

在配置文件 config.ini 的 [log] 位置配置日志相关选项。通用配置内容如下。

- Enable：启用 / 禁用日志，设置为 true 表示启用日志；设置为 false 表示禁用日志。默认设置为 true，性能测试可将该选项设置为 false，降低打印日志对测试结果的影响。

- log_path：日志文件路径。

- Level：日志级别，当前主要包括 trace、debug、info、warning、error 五种日志级别，设置某种日志级别后，日志文件中会输出大于等于该级别的日志，日志级别从大到小排序为 error>warning>info>debug>trace。

- max_log_file_size：每个日志文件的最大容量，计量单位为 MB，默认为 200 MB。
- flush：boostlog 默认开启日志自动刷新，若需提升系统性能，建议将该值设置为 false。

二、Hyperledger Fabric 日志管理与配置方法

Hyperledger Fabric 日志管理是通过 peer 和 orderer 命令工具实现的，借助 Golang 程序开发语言的 common/flogging 包。这个包支持的功能如下。

- 根据严重等级进行日志控制。
- 基于软件记录器生成消息的日志控制。
- 根据消息的严重性提供不同的打印选项。

Hyperledger Fabric 的日志信息（包括所有严重等级的日志）对用户和开发人员都开放。目前，还没有针对每个严重级别提供的信息类型的正式规则。

Hyperledger Fabric 的日志等级包括 DEBUG（调试）、INFO（正常输出）、WARNING（警告）、ERROR（错误）等。如图 4-12 所示为系统日志的示例内容。

```
2018-11-01 15:32:38.268 UTC [ledgermgmt] initialize -> INFO 002 Initializing ledger mgmt
2018-11-01 15:32:38.268 UTC [kvledger] NewProvider -> INFO 003 Initializing ledger provider
2018-11-01 15:32:38.342 UTC [kvledger] NewProvider -> INFO 004 ledger provider Initialized
2018-11-01 15:32:38.357 UTC [ledgermgmt] initialize -> INFO 005 ledger mgmt initialized
2018-11-01 15:32:38.357 UTC [peer] func1 -> INFO 006 Auto-detected peer address: 172.24.0.3
2018-11-01 15:32:38.357 UTC [peer] func1 -> INFO 007 Returning peer0.org1.example.com:7051
```

图 4-12　Hyperledger Fabric 日志的示例内容

1. 日志规格

在 peer 和 orderer 命令工具中可以通过全局变量 FABRIC_LOGGING_SPEC 修改日志的规格。

日志严重性级别是通过不区分大小写的字符串指定的：

```
FATAL | PANIC | ERROR | WARNING | INFO | DEBUG
```

以下为配置 FABRIC_LOGGING_SPEC 全局变量可以使用的示例规格和解释：

```
info     - Set default to INFO
warning:msp,gossip=warning:chaincode=info    - Default
WARNING; Override for msp, gossip, and chaincode
    chaincode=info:msp,gossip=warning:warning    - Same as above
```

2. 日志格式

在 Hyperledger Fabric 中，peer 和 orderer 命令工具输出的日志格式是通过全局变量 FABRIC_LOGGING_FORMAT 配置的。日志格式示例如下：

```
"%{color}%{time:2006-01-02 15:04:05.000 MST}
[%{module}] %{shortfunc} -> %{level:.4s} %{id:03x}
%{color:reset} %{message}"
```

3. 智能合约 Chaincode

由于智能合约在 Fabric 网络中以单独的容器存在，对于容器的日志管理也至关重要。与 peer 和 orderer 命令工具不同，Chaincode 容器的日志由开发人员单独负责。一般情况下，对于 Chaincode 可以通过 docker logs 查看日志信息。

4. 日志的查看与管理

一般情况下，Fabric 网络为基于 Docker 技术的容器集群，查看网络成员以及合约可以通过 Docker 提供的日志追溯工具实现，命令大体如下：

```
docker logs [container_id]
```

下面针对指定功能进行详细讲解。

（1）查看组织加入的通道

通过 peer 命令查看已加入的通道，当输入指定命令时会通过返回的日志信息确定当前状态信息，具体操作如下：

```
$ peer channel list
```

```
2021-01-29 21:58:03.040 CST [channelCmd] InitCmdFactory
->
INFO
001 Endorser and orderer connections initialized
Channels peers has joined:
Mychannel
```

通过输出的内容，可快速判断当前节点已加入 Mychannel 通道。

（2）更新配置区块

通过 peer channel update 命令，可以更新指定通道配置区块信息，当执行相关操作时可以观察返回日志，确定执行操作是否成功，具体操作如下：

```
$ export CHANNEL_NAME=mychannel
$ peer channel update -o orderer.example.com:7050
--ordererTLSHostnameOverride orderer.example.com -c
$CHANNEL_NAME -f ${CORE_PEER_LOCALMSPID}anchors.tx --tls
--cafile "$ORDERER_CA"
```

```
2021-02-11 09:13:25.308 UTC [channelCmd] update ->
INFO 002 Successfully submitted channel update
```

通过观察日志可快速确定指定通道信息已更新成功。

（3）安装智能合约 (Chaincode)

通过 peer lifecycle chaincode install 可以快速安装智能合约，通过查看日志可以确定安装是否成功，具体操作如下：

```
$ export CC_NAME=basic
$ peer lifecycle chaincode install ${CC_NAME}.tar.gz
```

在执行命令的同时，打开另一个终端查看节点容器的日志内容，确定链码已安装成功，具体操作如下：

```
$ docker logs -f peer0.org1.example.com
```

```
......
2021-01-30 12:18:49.064 UTC [lifecycle] InstallChaincode
-> INFO 052 Successfully installed chaincode with package
ID 'basic_1.0:4ec191e793b27e953ff2ede5a8bcc63152cecb1e4c3f3
01a26e22692c61967ad'
2021-01-30 12:18:49.065 UTC [endorser] callChaincode
-> INFO 053 finished chaincode: _lifecycle duration: 6291ms
channel= txID=f2e27a36
2021-01-30 12:18:49.065 UTC [comm.grpc.server] 1 -> INFO
054 unary call completed grpc.service=protos.Endorser grpc.
method=ProcessProposal grpc.peer_address=192.168.16.1:58014
grpc.code=OK grpc.call_duration=6.309174767s
```

学习单元 3　区块链权限配置方法

一、典型区块链权限配置方法

权限配置可以基于 Console 控制台实现。

1. 角色与权限介绍

（1）角色

角色有治理方、运维方、业务方和监管方。考虑到权责分离，治理方、运维方和开发方的权责应予以分离，使角色互斥。

治理方：拥有投票权，可以参与治理投票（AUTH_ASSIGN_AUTH），可以增删节点、修改链配置、添加撤销运维、冻结解冻合约。

运维方：由治理方添加运维账号，运维账号可以部署合约、创建表、管理合约版本、冻结解冻本账号部署的合约。

业务方：业务方账号由运维方添加到某个合约，可以调用该合约的编写接口。

监管方：监管方监管链的运行，能够获取链运行中权限变更的记录和需要审计的数据

（2）权限

权限概览如图 4-13 所示。

图 4-13　权限概览

2. 权限配置操作

（1）创建账户

在命令行阶段，控制台提供账户生成脚本 get_account.sh，生成的账户文件在 accounts 目录下。使用 get_account.sh 创建，命令如下：

```
$ ./get_account.sh
```

```
[INFO] Account Address : 0xcbef7487703d4b9239cb22816196b
ec54476cbba
[INFO] Private Key (pem) : accounts/0xcbef7487703d4b92
39cb22816196bec54476cbba.pem
[INFO] Public  Key (pem) : accounts/0xcbef7487703d4b92
39cb22816196bec54476cbba.public.pem
```

通过上述命令即在 accouts 目录下创建了一个新的账户，地址为：0xcbef7487703d4b9239cb22816196bec54476cbba。

使用 start.sh 脚本工具配置选项可指定通过不同的账户登录控制台，命令如下：

```
$ ./start.sh 1 -pem accounts/0xcbef7487703d4b9239cb22816
196bec54476cbba.pem
```

接着，在控制台根目录下通过 get_account.sh 脚本生成三个 PEM 格式的账户文件，具体如下：

```
# 账户 1
0x61d88abf7ce4a7f8479cff9cc1422bef2dac9b9a.pem
# 账户 2
0x85961172229aec21694d742a5bd577bedffcfec3.pem
# 账户 3
0x0b6f526d797425540ea70becd7adac7d50f4a7c0.pem
```

打开三个连接 Linux 的终端，分别以三个账户登录控制台。指定账户 1 登录控制台，命令如下：

```
$ ./start.sh 1 -pem accounts/0x61d88abf7ce4a7f8479cff9cc1
422bef2dac9b9a.pem
```

指定账户 2 登录控制台，命令如下：

```
$ ./start.sh 1 -pem accounts/0x85961172229aec21694d742a5b
d577bedffcfec3.pem
```

指定账户 3 登录控制台，命令如下：

```
$ ./start.sh 1 -pem accounts/0x0b6f526d797425540ea70becd7
adac7d50f4a7c0.pem
```

（2）委员新增、撤销与查询

添加账户 1、账户 2 为委员，账户 3 为普通用户。链初始状态没有任何权限账户记录。使用 Console 控制台操作，添加委员，操作如下：

```
[group:1]> grantCommitteeMember 0x61d88abf7ce4a7f8479cff
9cc1422bef2dac9b9a
{
    "code":0,
    "msg":"success"
}
```

使用账户 1 添加账户 2 为委员。增加委员需要链治理委员会投票，有效票大于阈值才可以生效。此处由于只有账户 1 是委员，所以只需账户 1 投票即可生效，操作如下：

```
[group:1]> grantCommitteeMember 0x85961172229aec21694d
742a5bd577bedffcfec3
{
    "code":0,
    "msg":"success"
}
```

验证账户 3 无权限执行委员操作，在账户 3 的控制台中操作如下：

```
[group:1]> setSystemConfigByKey tx_count_limit 100
{
    "code":-50000,
```

```
    "msg":"permission denied"
  }
```

撤销账户 2 的委员权限。此时系统中有两个委员，默认投票生效阈值为 50%，所以需要两个委员都投票撤销账户 2 的委员权限，只有有效票 / 总票数 =2/2=1 ＞ 0.5 才能满足条件。账户 1 投票撤销账户 2 的委员权限具体操作如下：

```
[group:1]> revokeCommitteeMember 0x85961172229aec21694
d742a5bd577bedffcfec3
  {
    "code":0,
    "msg":"success"
  }
```

账户 2 投票撤销账户 2 的委员权限：

```
[group:1]> revokeCommitteeMember 0x85961172229aec21694
d742a5bd577bedffcfec3
  {
    "code":0,
    "msg":"success"
  }
```

修改委员权重，从而修改委员在区块链的地位。先添加账户 1、账户 3 为委员。然后更新委员账户 1 的票数为 2，具体操作如下。

使用账户 1 的控制台添加账户 3 为委员：

```
[group:1]> grantCommitteeMember 0x0b6f526d797425540ea7
0becd7adac7d50f4a7c0
  {
    "code":0,
    "msg":"success"
  }
```

使用账户 1 的控制台投票更新账户 1 的票数为 2：

```
[group:1]> updateCommitteeMemberWeight 0x61d88abf7ce4a
7f8479cff9cc1422bef2dac9b9a 2
{
    "code":0,
    "msg":"success"
}
[group:1]> queryCommitteeMemberWeight 0x61d88abf7ce4a7
f8479cff9cc1422bef2dac9b9a
Weight: 2
Account: 0x61d88abf7ce4a7f8479cff9cc1422bef2dac9b9a
```

使用账户3的控制台投票更新账户1的票数为2：

```
[group:1]> updateCommitteeMemberWeight 0x61d88abf7ce4a
7f8479cff9cc1422bef2dac9b9a 2
{
    "code":0,
    "msg":"success"
}
[group:1]> queryCommitteeMemberWeight 0x61d88abf7ce4a7
f8479cff9cc1422bef2dac9b9a
  Account: 0x61d88abf7ce4a7f8479cff9cc1422bef2dac9b9a
Weight: 2
```

（3）委员投票生效阈值修改

账户1和账户3为委员，账户1有2票，账户3有1票，使用账户1添加账户2为委员，由于（2/3）＞0.5所以直接生效。使用账户1和账户2，更新生效阈值为75%。

使用账户1添加账户2为委员，操作如下：

```
[group:1]> grantCommitteeMember 0x85961172229aec21694d
742a5bd577bedffcfec3
{
    "code":0,
```

179

```
    "msg":"success"
  }
```

使用账户 1 控制台投票更新生效阈值为 75%，操作如下：

```
[group:1]> updateThreshold 75
{
    "code":0,
    "msg":"success"
}


[group:1]> queryThreshold
Effective threshold : 50%
```

使用账户 2 控制台投票更新生效阈值为 75%，操作如下：

```
[group:1]> updateThreshold 75
{
    "code":0,
    "msg":"success"
}


[group:1]> queryThreshold
Effective threshold : 75%
```

（4）运维角色新增、撤销与查询

委员可以添加和撤销运维角色。添加运维角色操作如下：

```
[group:1]> grantOperator 0x283f5b859e34f7fd2cf136c0757
9dcc72423b1b2
{
    "code":0,
    "msg":"success"
}
```

撤销运维角色操作如下：

```
[group:1]> revokeOperator 0x283f5b859e34f7fd2cf136c075
79dcc72423b1b2
{
    "code":0,
    "msg":"success"
}
```

二、Hyperledger Fabric 权限配置方法

Hyperledger Fabric 使用访问控制列表（Access Control Lists, ACL），通过将策略与资源关联管理对资源进行访问。在 Fabric 网络中，策略就是访问资源的方式与方法。

通过 configtx.yaml 文件可以配置不同通道的访问策略，并在通道创建之初将配置文件存于初始区块中。

在 Fabric 网络中，策略可以被以下两种方式构造：一种是签名（Signature）策略，另一种是隐式元（ImplicitMeta）策略。

1. 签名策略

这种策略标识必须签名才能满足策略的特定用户。此类策略举例如下：

```
Policies:
  MyPolicy:
    Type: Signature
    Rule: "OR('Org1.peer', 'Org2.peer')"
```

这个策略结构可以被解释为：一个名为 MyPolicy 的策略只能被具有 Org1 或者 Org2 组织标识的节点满足。签名策略支持 AND、OR 和 NOutOf 的任意组合，允许构建非常健全的规则。

2. 隐式元策略

隐式元策略是对签名策略在结构层次上的更深整合。相对于签名策略，隐式元策略支持更多的语法，如 ALL、ANY、MAJORITY。如果定义了一个签名策略，那么隐式元策略就可以基于这个签名策略做更深层次的整合，例如，加上 ALL 或者 ANY，使用方式如下：

```
<ALL|ANY|MAJORITY> <sub_policy>
```

需要注意的是，隐式元策略已经有了默认配置，具体如下。

● Admins，具有可执行操作的管理员权限角色，指定策略是 Admins 或 Admins 的子集，可以通过此策略访问区块链网络中的敏感资源或操作（例如在通道上实例化链码）。

● Writers，使用此类配置的策略可以更新账本，但是此类策略没有特定的管理员权限。

● Readers，是一个被动响应的角色，使用此配置的策略只能对获取的信息做读取，没有权限修改账本。

以下为一个隐式元策略的结构：

```
Policies:
  AnotherPolicy:
    Type: ImplicitMeta
    Rule: "MAJORITY Admins"
```

这个 AnotherPolicy 的策略定义为适配大多数具有 Admins 签名的策略。

在 configtx.yaml 文件中已经使用了默认 ACL 配置定义整个网络的权限系统，以下内容为默认策略：

```
Application: &ApplicationDefaults
  Policies:
    Readers:
      Type: ImplicitMeta
      Rule: "ANY Readers"
    Writers:
      Type: ImplicitMeta
      Rule: "ANY Writers"
    Admins:
      Type: ImplicitMeta
      Rule: "MAJORITY Admins"
    LifecycleEndorsement:
      Type: ImplicitMeta
      Rule: "MAJORITY Endorsement"
```

```
Endorsement:
    Type: ImplicitMeta
    Rule: "MAJORITY Endorsement"
```

一般情况下，在创建通道 Channel 配置中会使用基于 ACL 的配置内容，默认配置如下：

```
Profiles:
    TwoOrgsApplicationGenesis:
        <<: *ChannelDefaults
        Orderer:
            <<: *OrdererDefaults
            Organizations:
                - *OrdererOrg
            Capabilities:
                <<: *OrdererCapabilities
        Application:
            <<: *ApplicationDefaults
            Organizations:
                - *Org1
                - *Org2
            Capabilities:
                <<: *ApplicationCapabilities
```

其中加粗内容即为使用策略的地方。适当修改策略的内容可以有效实现业务需求，如定义了一个策略为 MyPolicy，需要在创建通道时将 event/Block 的默认策略改为使用 MyPolicy。具体操作如下：

```
......
Application:
        <<: *ApplicationDefaults
ACLs:
    <<: *ACLsDefault
    event/Block: /Channel/Application/MyPolicy
```

培训课程 ③

系统监控

学习单元 1　区块链监控工具安装与使用

一、监控工具安装与使用

区块链浏览器 (Browser) 可以实现对区块链网络进行监控。本学习单元重点介绍此区块链浏览器的安装与部署。

1. 前提条件

Browser 的需求环境配置见表 4-11。

表 4-11　需求环境配置

环境	版本
Java	JDK8 或以上版本
MySQL	MySQL-5.6 或以上版本
Python	Python3.5+
PyMySQL	使用 Python3 时需安装

2. 拉取安装脚本并进入目录

```
$ cd ~/fisco
$ wget https://osp-1257653870.cos.ap-guangzhou.myqcloud.com/FISCO-BCOS/fisco-bcos-browser/releases/download/v2.2.3/browser-deploy.zip
$ unzip browser-deploy.zip
$ cd browser-deploy
```

3. 修改配置

修改 browser-deploy 目录中的 common.properties 文件。以下为配置示例：

```
[browser]
package.url=https://osp-1257653870.cos.ap-guangzhou.
myqcloud.com/FISCO-BCOS/fisco-bcos-browser/releases/
download/v2.2.3/fisco-bcos-browser.zip
mysql.ip=127.0.0.1 # 根据实际 mysql 服务 IP 配置
mysql.port=3306 # 根据实际 mysql 服务端口配置
mysql.user=root # 根据实际 mysql 用户名配置
mysql.password=MyNewPass4! # 根据 mysql 实际密码配置
mysql.database=db_browser
web.port=5100
server.port=5101
```

4. 部署

使用以下命令启动所有服务：

```
$ python3 deploy.py installAll
```

当出现如图 4-14 所示的内容时，表示部署成功。

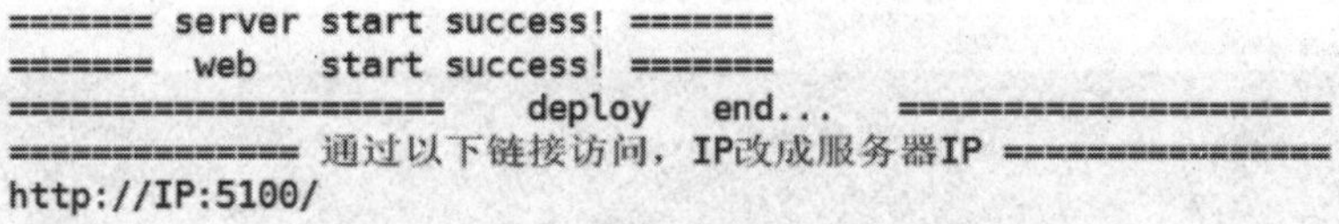

```
======= server start success! =======
======= web   start success! =======
==================== deploy   end... ====================
=============== 通过以下链接访问，IP改成服务器IP ===============
http://IP:5100/
```

图 4-14 区块链浏览器部署成功显示图

除了以上命令，deploy.py 还包括其他命令，具体见表 4-12。

表 4-12 deploy.py 其他命令及描述

命令	描述
python3 deploy.py stopAll	停止所有服务
python3 deploy.py startAll	启动所有服务
python3 depoloy.py help	查看帮助

若出现如图 4-15 所示的内容，则提示报错信息为机器预安装了 Nginx 服务。

```
Traceback (most recent call last):
  File "/root/fisco/browser-deploy/deploy.py", line 66, in <module>
    do()
  File "/root/fisco/browser-deploy/deploy.py", line 14, in do
    commBuild.do()
  File "/root/fisco/browser-deploy/comm/build.py", line 17, in do
    startWeb()
  File "/root/fisco/browser-deploy/comm/build.py", line 235, in startWeb
    res2 = doCmd("sudo " + res["output"] + " -c " + nginx_config_dir)
  File "/root/fisco/browser-deploy/comm/utils.py", line 91, in doCmd
    raise Exception("execute cmd  error ,cmd : {}, status is {} ,output is {}".format(cmd,status, output))
Exception: execute cmd  error ,cmd : sudo /usr/local/nginx/sbin/nginx -c /root/fisco/browser-deploy/comm/nginx.conf, status
is 1 ,output is nginx: [emerg] open() "/etc/nginx/mime.types" failed (2: No such file or directory) in /root/fisco/browser-d
eploy/comm/nginx.conf:13
```

图 4-15　安装区块链浏览器报错信息

通过 find 命令找到 mime.types，并放入指定文件即可解决此问题。

$ find / -name mime.types

/usr/local/lib/python3.9/test/mime.types

/usr/local/nginx/conf/mime.types

$ mkdir /etc/nginx

$ cp /usr/local/nginx/conf/mime.types /etc/nginx/

重启所有服务即可解决，操作如下：

$ python3 deploy.py stopAll

$ python3 deploy.py startAll

通过访问 http://{ 指定 IP}:5100，查看区块链浏览器，当出现如图 4-16 所示界面，表示启动成功。

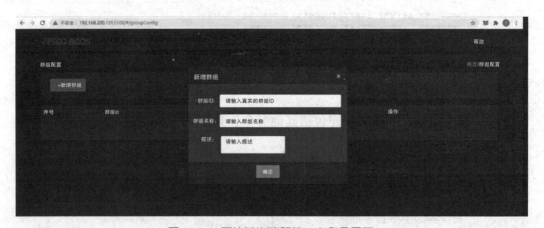

图 4-16　区块链浏览器第一次登录界面

5. 使用浏览器

在"新增群组"对话框中添加群组 ID 和群组名称（示例 ID 为 1，名称为 test），如图 4-17 所示为创建群组成功的界面。

186

图 4-17　区块链群组创建成功界面

点击"配置""节点配置"，进入节点配置界面，在其中可以加入节点相关信息，如图 4-18 所示为"新增节点"对话框。

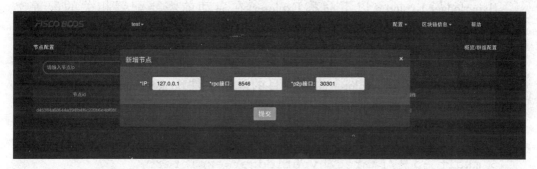

图 4-18　"新增节点"对话框

当测试链的三个节点都配置成功后，可以通过图 4-19 所示界面查看区块链概览信息。

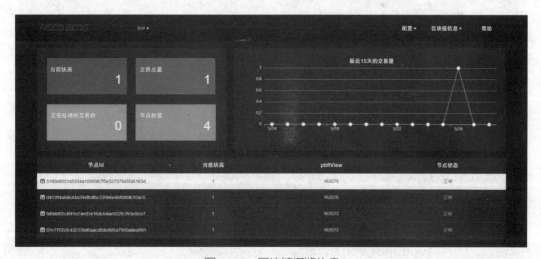

图 4-19　区块链概览信息

二、Hyperledger Fabric 监控工具安装与使用

操作员可以使用 Hyperledger Explorer 实现对 Fabric 网络的监控。Hyperledger Explorer 是一个简单易用、可用于监视区块链网络活动的开源工具。目前，Hyperledger Explorer 支持包括 Fabric、Iroha 等多种区块链，并且支持在 MacOS 和 Ubuntu 系统下安装和使用。Hyperledger Explorer 有两种搭建方式，一种为通过 Docker 和 docker compose 搭建，另一种为通过多种控件搭建。由于通过控件搭建 Hyperledger Explorer 监控平台较为复杂，此处将着重介绍通过 Docker 搭建的过程。在搭建平台前，需要确保 Fabric 联盟链网络已部署完成。

1. 创建配置文件

Hyperledger Explorer(以下简称 Explorer) 在启动前需要配置相关的配置文件，用于连接正在运行中的区块链网络、设置用户连接的账户名和密码、配置连接 Fabric 网络的密钥内容。这里需要配置三个文件，分别为连接网络的配置文件 test-network.json、启动 Explorer 监控项目的配置文件 docker-compose.yaml，以及 Explorer 项目的全局配置文件 config.json。创建连接 Fabric 网络的配置信息与管理员的账户名和密码，命名为 test-network，内容如下：

```
$ mkdir -p ~/fabric/hyperledger-explorer
$ cd ~/fabric/hyperledger-explorer
```

```
{
    "name": "test-network",
    "version": "1.0.0",
    "client": {
        "tlsEnable": true,
        "adminCredential": {
            "id": "exploreradmin",
            "password": "exploreradminpw"
        },
        "enableAuthentication": true,
        "organization": "Org1MSP",
        "connection": {
```

```
            "timeout": {
                "peer": {
                    "endorser": "300"
                },
                "orderer": "300"
            }
        }
    },
    "channels": {
        "mychannel": {
            "peers": {
                "peer0.org1.example.com": {}
            }
        }
    },
    "organizations": {
        "Org1MSP": {
            "mspid":"Org1MSP",
            "adminPrivateKey": {
                "path": "/tmp/crypto/peerOrganizations/
org1.example.com/users/Admin@org1.example.com/msp/
keystore/priv_sk"
            },
            "peers": [
                "peer0.org1.example.com"
            ],
            "signedCert": {
                "path": "/tmp/crypto/peerOrganizations/
org1.example.com/users/Admin@org1.example.com/msp/
signcerts/Admin@org1.example.com-cert.pem"
```

```
            }
        }
    },
    "peers": {
        "peer0.org1.example.com": {
            "tlsCACerts": {
                "path":"/tmp/crypto/peerOrganizations/
org1.example.com/peers/peer0.org1.example.com/tls/ca.crt"
            },
            "url": "grpcs://peer0.org1.example.com:7051"
        }
    }
}
```

在上述配置文件中，client 对象的 adminCredential 为系统登录的管理员账户名和密码，channels 对象为 Explorer 项目监控的通道信息，organizations 为将监控的组织成员，peers 为将监控的节点信息。这里主要监控了名称为 mychannel 的通道和 Org1 的组织与节点。需要注意的是，在配置连接组织与节点时都有相关身份认证的证书路径信息配置，这是由于在通过 Explorer 访问 Fabric 网络时，网络会对请求做相关的证书认证（包括公私钥与 TLS 证书），所以这里的路径必须配置正确的连接信息，否则将无法访问 Fabric 网络中对应的组件。

在完成 test-network.json 文件配置后，需要配置项目启动的配置文件 docker-compose.yaml，内容如下：

```
version: '2.1'
volumes:
  pgdata:
  walletstore:

networks:
  mynetwork.com:
    external:
```

```
        name: docker_test

    services:
      explorerdb.mynetwork.com:
        image: hyperledger/explorer-db:latest
        container_name: explorerdb.mynetwork.com
        hostname: explorerdb.mynetwork.com
        environment:
            - DATABASE_DATABASE=fabricexplorer
            - DATABASE_USERNAME=hppoc
            - DATABASE_PASSWORD=password
        healthcheck:
            test: "pg_isready -h localhost -p 5432 -q -U
postgres"
            interval: 30s
            timeout: 10s
            retries: 5
        volumes:
            - pgdata:/var/lib/postgresql/data
        networks:
            - mynetwork.com

      explorer.mynetwork.com:
        image: hyperledger/explorer:latest
        container_name: explorer.mynetwork.com
        hostname: explorer.mynetwork.com
        environment:
            - DATABASE_HOST=explorerdb.mynetwork.com
            - DATABASE_DATABASE=fabricexplorer
            - DATABASE_USERNAME=hppoc
```

```
          - DATABASE_PASSWD=password
          - LOG_LEVEL_APP=debug
          - LOG_LEVEL_DB=debug
          - LOG_LEVEL_CONSOLE=info
          - LOG_CONSOLE_STDOUT=true
          - DISCOVERY_AS_LOCALHOST=false
      volumes:
      - ./examples/net1/config.json:/opt/explorer/app/
platform/fabric/config.json
      - ./examples/net1/connection-profile:/opt/explorer/
app/platform/fabric/connection-profile
      - /usr/fabric/manual-deploy/organizations:/tmp/
crypto
          - walletstore:/opt/explorer/wallet
      ports:
          - 8080:8080
      depends_on:
          explorerdb.mynetwork.com:
          condition: service_healthy
      networks:
          - mynetwork.com
```

在 docker-compose.yaml 的配置文件中定义了两个网络组件，分别为基于 Postgres 数据库技术的 Docker 容器 explorerdb.mynetwork.com 和 Explorer 的前端用户界面展示容器 explorer.mynetwork.com。

由于 Explorer 项目相对于 eth-netstats 监控工具复杂度较高，所以有诸多监控数据需要通过数据库进行存储，这里 Explorer 采用了 Postgres 技术作为支撑，在配置文件中已经对 Postgres 数据库做了相应的配置，其中数据库的管理员账户和密码分别为 hppoc 和 password，其他参数配置在实操时必须严格按照上述标准配置。

在数据库配置完成后，Explorer 的另外一个容器 explorer.mynetwork.com 将负责项目的完整流程，包括前端页面显示、访问监控的 Fabric 区块链网络、数据库相关操作交互等。在此容器配置项目的 volumes 参数中配置了包括用于连接 Fabric 网络的配置文件 test-network.json、项目整体配置文件 config.json 以及最关键的 Fabric 网络中成员的密钥管理目录 organizations。以下为配置示例：

```
volumes:
  - ./examples/net1/config.json:/opt/explorer/app/
platform/fabric/config.json
  - ./examples/net1/connection-profile:/opt/explorer/app/
platform/fabric/connection-profile
  - /usr/fabric/manual-deploy/organizations:/tmp/crypto
```

与区块链网络搭建时的配置类似，需要将此密钥管理目录映射到容器中使用，此处的 organizations 文件夹路径为 ~/fabric/manual-deploy/organizations，在实操时需要将此路径替换为实际路径，切勿直接拷贝。

在 docker-compose.yaml 的配置文件中，另外一个关键配置为 networks 参数，由于 Explorer 项目需要监控的 Fabric 测试网络有独立的虚拟局域网 docker_test，所以在这里需要对启动的两个容器做特殊配置，使节点加入 docker_test 局域网中，保证节点能在同一局域网中相互连接。

```
mynetwork.com:
  external:
    name: docker_test
```

接下来是对 Explorer 启动项目的配置文件进行定义，名称为 config.json，如 docker-compose.yaml 配置文件已定义，此配置文件需要在 connection-profile 目录下安置，操作如下：

```
$ mkdir -p /usr/hyperldger-explorer/connection-profile
$ cd /usr/hyperldger-explorer/connection-profile
```

```
{
    "network-configs": {
        "test-network": {
            "name": "Test Network",
```

```
            "profile": "./connection-profile/test-network.
json"
        }
    },
    "license": "Apache-2.0"
}
```

2. 启动容器服务

在以上文件配置完成后，就可以通过 docker-compose 启动项目，命令如下：

```
$ cd /usr/hyperldger-explorer
$ docker-compose -f docker-compose.yaml up
```

通过执行上述命令可以启动 Explorer 监控项目，若有如图 4-20 所示的信息则表示启动成功：

```
explorer.mynetwork.com    | [2021-02-21T09:31:50.204] [INFO] FabricGateway - queryInstantiatedChaincodes mychannel
explorer.mynetwork.com    | [2021-02-21T09:32:20.142] [INFO] SyncPlatform - Updating the client network and other details to DB
explorer.mynetwork.com    | [2021-02-21T09:32:20.147] [INFO] SyncServices - SyncServices.synchNetworkConfigToDB client test-network channel_name mychannel
explorer.mynetwork.com    | [2021-02-21T09:32:20.152] [INFO] FabricUtils - generateBlockHash 0
explorer.mynetwork.com    | [2021-02-21T09:32:20.210] [INFO] FabricClient - Discovered Org3MSP [ { mspid: 'Org3MSP',
explorer.mynetwork.com    |    endpoint: 'peer0.org3.example.com:11051',
explorer.mynetwork.com    |    name: 'peer0.org3.example.com:11051',
explorer.mynetwork.com    |    ledgerHeight: Long { low: 4, high: 0, unsigned: true },
explorer.mynetwork.com    |    chaincodes: [] } ]
```

图 4-20　部署成功示例

3. 访问 Explorer 并查看网络信息

在完成上述操作后即可通过浏览器登录网站，访问链接 http://localhost:8080，会有如图 4-21 所示的登录提示。

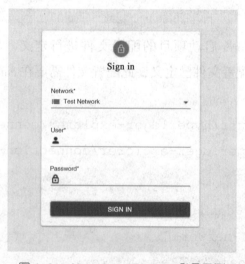

图 4-21　Hyperleger Explorer 登录示例

这里可以键入之前配置文件 test-network.json 中的管理员账户（exploreradmin）和密码（exploreradminpw）登录。登录成功将会跳转到 Explorer 系统的概览界面，如图 4-22 所示。

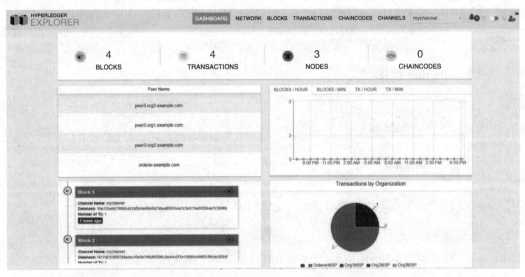

图 4-22　Explorer 系统概览界面

学习单元 2　区块链网络状态检查方法

一、区块链网络状态检查方法

1. 通过 Console 控制台监控

（1）查看共识节点列表

```
[group:1]> getSealerList
[3195b9551d5334a1095987f5e32737945f48163d5f7d932c8c18f
d95c7f1a
    db7306b7ea9d22bb74aed627b4415b1e22dc8dc429dec2849ceec
930494721caf81,97e7702cfc43237bd6aacd8de8d5a7950adea0910b
51fc8cfd0efc18b03e3a06f3518d4e88b1b860bc64df4ca25db3a692e
```

```
12bc26426805a3ec2910f7848122b,9d9dd02c4f41e24ed3416dcb4ae
022fc2fcbcbce745c95243370f75e5847875ee3cd49327e92aa1869e0
b2d03ea0e6de46b7a239ae94b3df30b6dc81196fe903,d453ff4a68644
a394fb4f6c220b6e4bf08fd610ac082a0c6e1c5dcd3725f84043839f
6f4018c97f19c76ba1810fcd07c339e5eda6c597f1d67c38b01e988f
bc6]
```

（2）获取 Pbft 视图

```
[group:1]> getPbftView
166416
```

（3）查看共识状态

```
[group:1]> getConsensusStatus
ConsensusInfo{
    baseConsensusInfo=BasicConsensusInfo{
        nodeNum='4',
        nodeIndex='3',
        maxFaultyNodeNum='1',
        sealerList=[......],
        consensusedBlockNumber='2',
        highestblockNumber='1',
        groupId='1',
        protocolId='65544',
        accountType='1',
        cfgErr='false',
        omitEmptyBlock='true',
    ......
```

（4）查看同步状态

```
[group:1]> getSyncStatus
SyncStatusInfo{
```

```
isSyncing='false',
protocolId='65545',
genesisHash='......',
blockNumber='1',
latestHash='......',
knownHighestNumber='1',
txPoolSize='0',
peers=[......]
```

2. 通过浏览器查看

（1）查看节点连接状态

通过"配置""节点配置"，查看区块链节点连接配置信息，如图 4-23 所示。

图 4-23　节点连接状态

（2）查看网络区块信息

通过"区块链信息""查看区块"，查看网络所有区块信息，如图 4-24 所示。

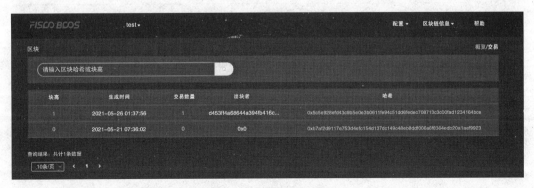

图 4-24　网络区块信息

（3）查看网络交易信息

通过"区块链信息""查看交易"，查看网络所有交易信息，如图4-25所示。

图4-25　网络交易信息

二、Hyperledger Fabric 区块链网络状态检查方法

通过 Hyperledger Explorer 可以查看 Fabric 网络的状态，通过之前部署的 Fabric 网络，重点观察 mychannel 通道信息。

点击导航栏中的 NETWORK 选项，查看 mychannel 通道包含节点的详细信息，如图4-26所示。

Peer Name	Request Url	Peer Type	MSPID	Ledger Height		
				High	Low	Unsigned
peer0.org3.example.com	peer0.org3.example.com:1.	PEER	Org3MSP	0	4	true
peer0.org1.example.com	peer0.org1.example.com:7.	PEER	Org1MSP	0	4	true
peer0.org2.example.com	peer0.org2.example.com:9.	PEER	Org2MSP	0	4	true
orderer.example.com	orderer.example.com:7050	ORDERER	OrdererMSP	-	-	-

图4-26　mychannel 通道节点信息

点击导航栏的 BLOCKS 和 TRANSACTIONS 可以查询在指定时间段的区块和交易情况，如图4-27所示。

点击导航栏的 CHANNELS 可以查询指定通道的信息概览，如图4-28所示。

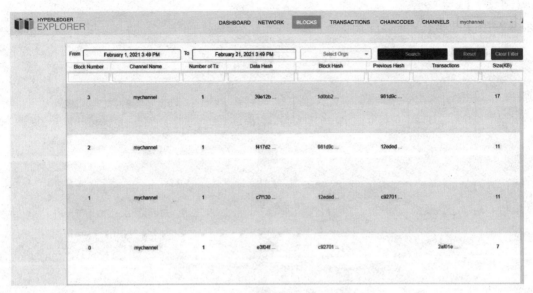

图 4-27　指定时间段的区块和交易情况

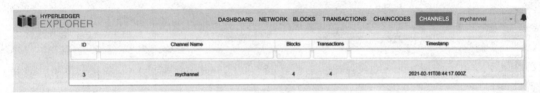

图 4-28　指定通道的信息概览